"十四五"职业教育国家规划教材

U0597986

品系列教材

城市景观设计

微课版

第2版

欧亚丽 夏万爽◎主编

人民邮电出版社
北京

图书在版编目（CIP）数据

城市景观设计 : 微课版 / 欧亚丽，夏万爽主编.
2版. -- 北京 : 人民邮电出版社，2025. --（高等院校
艺术设计精品系列教材）. -- ISBN 978-7-115-67172-1

Ⅰ. TU984.1

中国国家版本馆 CIP 数据核字第 2025M3160R 号

内 容 提 要

本书介绍了城市景观设计必备的基础理论知识，以构成城市空间的点、线、面——城市广场、城市道路和城市居住区为典型项目，探讨了景观设计的技巧与方法。本书包括城市景观设计理论基础、城市景观设计项目实训、城市景观设计案例欣赏等内容，以循序渐进的方式让读者由浅入深地学习，逐渐形成和具备景观设计的综合能力。

本书适合作为高等职业院校、本科院校环境艺术设计、园林设计、城乡规划、室内艺术设计等专业景观设计课程的教材，也可供景观设计行业的从业人员阅读和参考。

◆ 主　　编　欧亚丽　夏万爽
　　责任编辑　姚雨佳
　　责任印制　王　郁　彭志环
◆ 人民邮电出版社出版发行　　　北京市丰台区成寿寺路 11 号
　　邮编　100164　电子邮件　315@ptpress.com.cn
　　网址　https://www.ptpress.com.cn
　　中国电影出版社印刷厂印刷
◆ 开本：787×1092　1/16
　　印张：11.5　　　　　　　　2025 年 5 月第 2 版
　　字数：216 千字　　　　　　2025 年 5 月北京第 1 次印刷

定价：69.80 元

读者服务热线：(010)81055256　印装质量热线：(010)81055316
反盗版热线：(010)81055315

前　言

　　充满魅力的爱琴海和古希腊的建筑，蕴藏着许多故事的巴黎圣母院，巍峨的万里长城，秀丽的西湖风光，精致的苏州园林……这些让我们为之惊叹的景观已成为时代的经典。不同时代的景观焕发出不同的光彩，成为人类的宝贵艺术财富。景观，犹如人类的一面镜子，它的变化与发展折射出不同历史时期的政治、经济、社会文明、生活方式、审美取向的变革，它凝聚了不同地域的人的智慧，焕发出多样的魅力与风采。

　　景观是一种艺术，它构成了优美的人类生存空间，给人们带来了舒适和美的享受；景观是一种文化，蕴含着丰富的文化积淀，陶冶了人们的情操，激发了人们的情感。景观设计是基于科学与艺术的观点及方法探究人与自然的关系，以协调人与自然的关系和可持续发展为根本目标进行空间规划、设计的行为。景观设计必须有多方面的技术支撑。景观设计的发展不断推动着技术的变革，技术的不断变革也使景观的形式不断得到更新。

　　现代社会的城市化进程非常快，在城市里，生活节奏快、环境嘈杂，人们的心情很容易低落。人们往往喜欢蓝天和绿地，喜欢清静、自然的生活环境。因此，景观设计师应运而生，他们需要在城市有限的空间里设计一个相对安静的环境供人休息。新时代的景观设计师担负着前所未有的责任，建立融合当今社会形态、文化内涵、生活方式，并且面向未来的人性化的理想生存空间，是景观设计师不可推卸的责任与使命。

　　本书包括城市景观设计理论基础篇、城市景观设计项目实训篇和城市景观设计案例欣赏篇3个部分。城市景观设计理论基础篇主要讲解城市景观的形成与发展、基于环境艺术设计的城市景观设计以及城市景观设计的学习情境，旨在帮助读者掌握城市景观设计的理论基础。城市景观设计项目实训篇在城市广场景观设计、城市道路景观设计、城市居住

前　言

区景观设计3个学习情境的基础上设置项目任务，读者通过学习实践可掌握城市景观设计的具体内容和方法。城市景观设计案例欣赏篇通过对优秀景观设计案例的赏析，帮助读者开阔视野、提高设计水平。另外，本书还配有微课视频及丰富的教学资源，用书教师可以通过访问人邮教育社区网站（www.ryjiaoyu.com），搜索本书书名进行下载。

本书全面贯彻党的二十大精神，以社会主义核心价值观为引领，传承中华优秀传统文化，坚定文化自信，使内容更好地体现时代性、把握规律性、富于创造性。

本书为河北科技工程职业技术大学与河北胜康工程设计有限公司"双元"合作开发的教材，由河北科技工程职业技术大学欧亚丽和夏万爽担任主编。参与编写的人员包括荆楚理工学院于娜、杨凌职业技术学院田雪慧、河北胜康工程设计有限公司张青、河北科技工程职业技术大学王旭、王子琳、张晓明。

由于编者水平有限，书中难免会有不妥之处，恳请读者批评指正。

编　者
2025年4月

目 录

01

02

目 录

01

第1篇　城市景观设计理论基础篇

扩展知识:
树立环境意识保护
生态环境

本篇从城市、景观、城市景观的概念讲起,带领读者一步步走近城市景观设计,了解从古至今城市景观的形成与发展,掌握城市景观的领域划分,明确城市景观设计各领域在景观环境中相互的关系。帮助读者重点领悟城市景观设计的定义、实质目标和设计原则,从而明确现代城市景观设计的典型工作任务、流程和设计方法,为城市景观设计实践奠定理论基础。

学习目标		
知识目标	**能力目标**	**素质目标**
1. 了解城市景观的形成与发展 2. 掌握基于环境艺术设计的城市景观设计 3. 掌握城市景观设计的学习情境	1. 能够运用城市景观的相关概念对城市景观进行领域划分 2. 了解现代城市景观设计的典型工作任务，能够运用相关流程与方法进行设计	1. 培养环保意识，践行绿色发展理念 2. 培养职业素养、职业道德 3. 传递保护生态环境就是保护生产力的信念 4. 树立正确的绿色发展理念，将人与自然和谐共生的生态观根植于设计 5. 培养团队合作、协同工作的能力

城市是人类聚集生活形成的有机整体，是城市居民进行城市生活的基本物质环境。

景观作为一种学术用语，概念很宽泛。

地理学家把景观看成一个科学名词，认为它是一种地表景象。

生态学家认为景观是一种自然综合体，指由地理景观（地形、地貌、水文、气候等）、生态景观（植被、动物、微生物、土壤和各类生态系统元素的组合）、经济景观（能源、交通、基础设施、土地利用、产业过程等）和人文景观（人口、体制、文化、历史等）组成的多维复合生态体。

旅游学家认为景观是一种资源，是能吸引旅游者并可供旅游业开发利用的可视物象。

艺术家认为景观是需要表现与再现的。

建筑师认为景观是建筑物的配景或背景。

城市美化运动者和开发商则认为，景观是城市的街景立面、园林中的绿化和喷泉等。

位于四川省阿坝藏族羌族自治州的地表钙化景观。主要景观集中于长约3.6千米的黄龙沟，沟内遍布钙华沉积，呈梯田状排列，仿佛是一条金色巨龙，并伴有雪山、瀑布、原始森林、峡谷等景观

内蒙古浑善达克沙地沼泽

云南大理崇圣寺三塔

艺术家画笔下的景观

法国巴黎卢浮宫，静态的水面与建筑完美结合，让建筑设计的表现力超乎想象

　　因而对于景观，一个更广泛而全面的定义是，景观是人类环境中一切视觉事物的总称，它可以是自然形成的，也可以是人为的，所以其覆盖面十分广。对于学习者而言，必须明确所学景观的领域。

　　城市景观是景观中的一种，是自然景观与人工景观的有机结合。城市景观与我们的生活息息相关，对于现代忙碌于钢筋混凝土空间架构内的人们来说，城市景观不仅要创造满足生理需求的良好的物质环境，还要创造满足精神需求的健康的社会环境和惬意的心理环境，更要创造丰富多彩、形象生动的城市艺术环境，给人以美的享受。这样的城市景观，可以保证和促进人们身心健康发展，陶冶高尚的思想情操，激发旺盛的精力和斗志，所以城市景观需要设计。

　　城市景观设计作为一门学科，关键在于如何进行设计并将设计变为现实。设计在高速运转的现代化都市中无处不在，而真正切实可行的设计是需要有理论依据与

私家花园景观

相应实践方法的。城市景观设计的概念源于城市规划专业，需要有总揽全局的思维方法；主体的设计源于建筑与艺术专业，需要综合考虑楼宇、道路、广场等构成要素；环境的设计源于园林专业，需要融入环境系统设计。因此，城市景观设计是一门集艺术、科学、工程技术于一体的应用性学科。

位于长城脚下的竹屋坐落在山野间，落地的玻璃窗与窗外的树木紧紧相依，意境深远，由纤纤细竹隔出的"茶室"更是竹屋的点睛之笔，透过竹缝依稀可见长城的烽火台

综上所述，从事城市景观设计工作的人员必须掌握一定的理论，才能为城市景观设计实践打下坚实的基础。本篇将从城市景观的形成与发展、基于环境艺术设计的城市景观设计以及城市景观设计的学习情境 3 个方面展开对城市景观设计理论的学习，使读者能够对城市景观设计有全方位的了解与认知。

项目一　城市景观的形成与发展

城市景观的历史几乎与人类城市的历史一样久远。城市在产生的那一刻起，就被两种作用力（即文化驱动力和自然回归力）控制，因而文化和自然是城市景观诞生的最原始的动力。

人类在自然洞穴外种植，用岩石记录生活，以此为起点逐步发展出"人造景观"系统。村庄的产生最初只是为了实现群体的养育功能，人与自然是一种"共生"的关系；随着人类的进步，原始的村庄日益演化为城市，并渐渐与自然相分离。在城市中，人们改变自然景观，重新种植植物，重构和再利用土地。

城市景观的形成与发展经历了漫长的历史时期。城市在发展演进中确立了景观格局，经历了尺度演进、生态演进、建筑演进、社会演进，最终以日臻成熟的面貌展现于世人眼前。

1. 城市景观风貌的形成

美国建筑学家凯文·林奇用归类的方法概括出人类城市的原型：一是神秘主义——宇宙城市原型，二是理性主义——机器城市原型，三是自然主义——有机城市原型。

城市景观风貌的形成大多发生在工业革命以前。工业革命以前的城市景观，大都属于神秘主义——宇宙城市原型。其主要特点是自然力量被突出，自然力量与人文相结合，城市成为人类与宇宙秩序之间的一种中介。神秘主义——宇宙城市原型不仅反映人与天的关系，同时也反映人与人的关系，城市景观布局讲求礼制与等级。如在中国，早在周代就形成了一套按尊卑等级建设城市的规划制度。

在工业革命以前，理性主义——机器城市原型也一直存在着。这种城市的景观如同机器一样，其部件位置确定，彼此类似，并常用机械方式连接，整体的变化均可由部件数量的增减来反映，景观可以拆开、修改，也可以更换部件。这一模式特别适合建设临时性的城市，历史上殖民城市的设计，很多就属于这种情况。

古希腊时代、古罗马时代以及欧洲中世纪城市景观的形成是城市风貌形成的典型代表，是研究城市景观形成的参考依据。

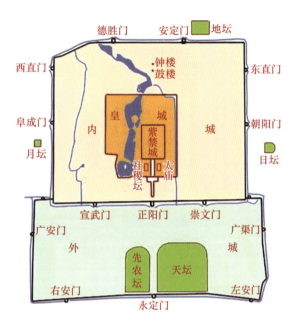

明代的北京城以皇城为中心，皇城左建太庙，右建社稷坛，城外南北东西四方分别建天坛、地坛、日坛以及月坛。皇帝每年在冬至、夏至、春分、秋分到四坛举行祭祀。天地日月、冬夏春秋、南北东西，这种对应显示了中国古代天人合一的宇宙观念

在古埃及，神庙是城市不可或缺的重要组成部分。

（1）古希腊时代城市景观的形成

古希腊时代城市景观的总体特点是小尺度以及人性化。历史上的雅典城背山面海，建筑物按地形变化而布置：从山脚下的居住区开始，逐步向西北部平坦地区发展，最后形成了集市广场及整个城市。建筑物的排列不是死板的，充分利用了地形，既考虑到人从城下四周可以仰望建筑物外形的美，又考虑到人置身城中能够环顾建筑物内部的美。

雅典卫城是古希腊时代城市景观最杰出的代表，它坐落在城内陡峭的山顶上，山势险要，只有西边有一个上下通道。它以乱石在四周堆砌挡土墙形成大平台，平台东西约300米，南北最宽处为130米，建筑物分布在这个平台上。卫城周围均为岩石坡面，建筑师充分利用岩面条件来安排建筑物与纪念物，并不刻意追求视觉上的整体效果。除单体建筑物外，卫城没有总的建筑物中轴线，没有连续感，没有视觉上的渐进性，也不追求对称形式，完全因地制宜。卫城南坡还建有为平民服务的活动中心、露天剧场与竞技场等。整个建筑的尺度非常适合人生活，据说这样的设计是最符合黄金分割比例的

（2）古罗马时代城市景观的形成

古罗马人在城市景观构筑的过程中，对于地形不惜代价进行改造，因而城市景观的主要特点是大尺度与炫耀性。古罗马人先前从古希腊人那里学到了城市建设的美学原则，如形式上封闭的广场、广场四周连续的建筑物、宽敞的大街以及街道两侧成排的建筑物等，但是城市景观尺度与古希腊的不同。古罗马人以自己特有的方式对城市景观进行了设计：古罗马的城市景观是大尺度的，形式上比古希腊的更华丽、更壮观，以显示军事力量的强大与统治阶级的显赫。

（3）欧洲中世纪城市景观的形成

欧洲中世纪城市景观的总体特点是小尺度。城市的四周都用围墙围合起来，城墙上每隔一定距离筑有塔楼，组成守卫的中心点。街道布局非常凌乱，道路弯曲，这是有着时代意义的。因为欧洲中世纪城市经常会被侵占，在街道展开巷战是非常普遍的事；采用直线布局可能会提高城市的美观度，但从防御的角度看，这样做的代价将十分惨痛。

总的来说，在工业革命以前，世界上的城市景观因国家与民族不同而风格各异，但一般都具有以下特点。

·　宗教在城市景观中占据重要地位，这一点非常突出。

·　城市的规模不大，一般人口为数万人，这是由生产力的特点所决定的。较大的城市的人口规模接近百万人，如罗马帝国的罗马城、中国唐代的长安城等。

- 城市大多有城墙环绕，这是工业革命以前人类战争频繁所导致的。

古罗马修建了环绕城市长达数百英里（1英里≈1.61千米）的排水道，城市中有一些建筑物高达35米，这相当于10层楼的高度。广场上的建筑物尺度都很大，实际上就是个人的纪念碑。有的大街宽20~30米，人行道与车行道是分开的

中世纪的城市规划，通常不追求整齐有序，而是从需要出发，因地制宜，因此城市形态经常是不规则的，一些自然景观（如崎岖不平的地形）常常被运用

2. 城市景观格局的确立

工业革命是世界城市史上的转折点。在工业革命以前，世界范围内城市景观的变化是非常缓慢的。工业革命以后，城市景观变化巨大且迅速。工业革命最初从欧洲开始，推动了城市化的进程，大量人口涌入城市，或是在空地上建立新的城市。一方面，由于人口在较短时间内进入城市，人们对大量欧洲中世纪遗留下来的老城无所适从；另一方面，由于人类还缺乏规划经验，因此在工业革命相当长的一段时间内，城市的发展比较混乱。

资本主义大工业的生产方式及铁路的修建完全改变了原有城市的景观。工业区在城市中心或郊区建立起来，工业区外围就是简陋的工人住宅区，形成了工业区与住宅区相间与混杂的局面。火车的出现是工业革命期间的一件大事，各个城市纷纷在城市中心或者郊区建立火车站，城市扩张后，郊区的火车站又被包围在城市之中，这加剧了城市布局的混乱。

资本主义的发展使原有的城市难以适应发展的需要。大量的新建城市兴起，旧的城市也普遍面临着变革的任务。不少城市针对这种情况进行了改建，以适应新的发展需要。其中，有的改造是规模较大的，如拿破仑三世实行的著名的"奥斯曼计划"，历时17年之久，耗资25亿法郎，全巴黎共拆除旧房11.7万所，新建楼房2.15万栋。

城市规划的目的是保障居住、工作、休闲与交通四大活动的正常进行，人们应当通过城市规划解决城市空间出现的问题，其主要方式是功能分区。在城市建设中，理性功能主义规划逐渐出现，这种规划遵循经济和技术的理性准则，把城市看作巨大的、高速运转的机器，以功能与效益为目标，在城市建设中注重体现最新的科学技术思想和技术美学观念。

1933年，国际现代建筑协会在雅典召开会议，制定了《城市规划大纲》，总结了城市的弊端并提出了城市规划的应对思路，这就是城市规划史上著名的《雅典宪章》。《雅典宪章》提出了城市规划功能分区的思路，这既是对此前西方城市改造的一种总结，也为以后的城市改造指明了方向。

1931年，美国建成了102层、高381米的纽约帝国大厦，它在1973年以前一直是世界上最高的大厦

1974年，美国建成的110层、高443米的芝加哥威利斯大厦（原名西尔斯大厦）成为当时世界上最高的大厦

1998年，马来西亚建成的高450米的吉隆坡石油双塔大厦取代威利斯大厦成为当时世界上最高的大厦

中国于1997年建成的上海金茂大厦共95层，建筑高度为421米，结构高度为395米，是当时世界最高的10座大厦之一

3. 城市景观的尺度演进

工业革命以来，城市景观最大的变化是尺度的增大，城市建筑不仅变得更高，而且变得更大。

随着科技的进步以及钢结构的应用，城市建筑日益向"更高"发展，其显著表现就是摩天大楼的出现。摩天大楼的出现具有重要意义。一方面，它显示了人类的创造力，改善了人们的居住条件，节省了城市用地；另一方面也带来了一定的负面效应，如规模不经济以及具有安全隐患等。

4. 城市景观的生态演进

工业化以来相当长的时间内，城市呈现一种无序的发展状态，这引发了诸多的"城市病"。其中，城市生态问题是最严重的"城市病"，这在工业革命早期表现得尤为明显。

"工厂林立，浓烟滚滚"是工业革命很长一段时间内对城市景观最形象的概括。以最早开始工业革命的英国为例，当时伦敦的工厂如雨后春笋般兴建起来，高大的烟囱林立，整个城市烟雾缭绕，能见度极低。这种状态持续了很长一段时间，且伦敦绝不是个例。

后来，一些国家在经济发展到一定时期时对环境进行了治理，城市环境有所改善。许多城市通过土地置换，建成了公园与绿地，尤其值得一提的是，美国纽约在市中心建造了一个大型的"城市绿心"——中央公园。

中央公园面积达340万平方米，有总长约93千米的步行道，以及约9 000张长椅和约6 000棵树木，每年吸引多达2 500万人次进出。园内有动物园、运动场、美术馆、剧院等各种场所。这里本来是一片近乎荒野的地方，现在是一大片田园式的禁猎区，有树林、湖泊和草坪，甚至有农场和牧场。在一个喧嚣繁荣的大都市开辟出这样一个巨大的公园，这一创举得到了举世称赞

5. 城市景观的建筑演进

工业社会城市景观演进的一个很重要的方面表现在建筑上，工业革命引发了一场建筑革命——现代建筑革命，以体现工业化时代的精神。现代建筑是特定时代的产物，它适应了城市化发展的要求。众所周知，工业化拉开了城市化的序幕，城市化使大量的人口汇集于城市，由此带来了大量的居住需求，现代建筑因其简洁、经济、实用的特点，在满足这种需求上具有优势，因此现代建筑的发展极为迅速。但现代建筑相对忽略了人们的多样性

需求，这是其主要弊端。

6. 城市景观的社会演进

1840年鸦片战争后，中国的一些通商口岸被迫开辟"租界"，这使得当时中国不少城市具有"二元景观"。

1949年后，中国城市的"二元景观"逐步减少。但由于历史原因以及社会经济中出现的一些新变化，这种现象仍在一定范围内存在。当前，城中村是中国城市"二元景观"的一种突出表现形式。城中村伴随着中国城市的扩张而形成，因此有的农村地区景观还没有来得及转换就被迅速扩张的城市淹没。中国许多城市都有这种现象，由于城市的扩张使不同地区难以实现均质发展。

所以，城市景观的宏观表征以城市景观风貌的形成为基础，表现出一定的城市形状、内部结构以及发展态势；城市景观格局是城市景观宏观表征的结构框架，城市景观格局的确立是城市空间组织的重要手段；而城市的体量、建筑的形式以及生态环境与社会环境最终体现出城市景观的宏观表征。

二元景观：上海的租界拥有高层公寓住宅、花园洋房以及公园等。洋人与上层华人的住宅区内设施完善、景观幽雅；而旧上海下层人民的住所通常为低矮的木结构建筑，环境很差。老城区采用很小的方格形道路网，道路宽2~3米，不能行车，而租界的道路宽度为10米，二者相差悬殊

参差不齐的城中村缺乏统一的规划，布局凌乱，有城市建筑，同时又有农村建筑，建筑的高度也参差不齐，高楼与平房共存

项目二 基于环境艺术设计的城市景观设计

在现代城市生活中，"景观"一词成为一种宣传和消费时尚，这是因为视觉文化在信息社会正发挥越来越重要的作用，形象、图像、景象、景观成为重要商品。"景观"二字能够吸引人，是因为其具有更强的视觉吸引力，这就是当前"景观"流行起来的基本社会原因。也正因为这一点，城市景观的设计者和营建者应对城市景观设计的定义及实质目标进行彻底的剖析，明确城市景观的宏观表征和微观表象，创造出真正的、众望所归的城市景观。

1. 城市景观设计的实质目标

城市是历史与现实两个不同时空的复杂交织体。一方面，城市景观设计应尊重历史，另一方面，城市景观设计也应尊重现实和自然。城市景观设计的实质目标是在人对环境的感受和行为间建立起最大限度的认同感。

小城市、小城镇的特点就是"小"，不能盲目地按照大城市的尺度去做城市建设。城市景观建设要节约用地，不能再推行建设大广场、大马路的做法。城市土地紧缺，用于景观建设的土地越来越少，所以人们需要精心规划，可以考虑把一些不适用于其他建设的土地在适宜的前提下用于景观建设。

城市景观设计的实质目标集中体现为处理主体（人）与客体（环境）之间的关系，使二者相互协调。城市景观是人类改造自然景观的产物，因此，构建城市景观的过程同时也是自然生态系统转化为城市生态系统的过程，而城市景观的塑造过程，就是人类开发、利用自然的过程。遵循生态学原理，最大限度地减少对自然的破坏，减少对自然资源的剥夺，减少对生物多样性的破坏，这样塑造出的城市景观对人类才是有益的；反之，以掠夺自然、破坏生态的方式去塑造城市景观，到头来人类会自食恶果。

2. 城市景观设计原则

人类的户外行为规律及其需求是城市景观设计的根本依据。考虑大众的思想、兼顾人类共有的行为、以群体优先，这是现代城市景观设计的基本原则。城市景观设计的总体发展趋势是讲求生态保护，从根本上改善人类居住的环境。

城市景观设计是一个复杂的系统工程，它不同于一般的艺术创作，绝不应局限于形体方面，还必须着眼于形体所承载的经济、社会、文化、美学等方面的内涵。其目标与宗旨是为人们创造一个舒适、优美、方便、高效、卫生、安全、有特色的城市环境，满足人们的物质需要以及精神需要。鉴于此，城市景观设计必须遵循以下原则。

（1）综合性原则

城市景观设计是涉及人居系统各个层面的综合性学科。它是一门集艺术、科学、工程技术于一体的应用性学科，使景观规划、建筑设计、艺术设计彼此交融，与生态学、美学、文学等多门学科彼此关联。这就决定了城市景观设计研究的综合性特点——不仅要研究其各个组成要素，更重要的是要把它作为统一的整体，综合地研究其组成要素间的相互关系。

（2）动态性原则

城市景观中的自然景观和人文景观的特点是在不断变化的，这就决定了城市景观设计必须以动态的观点和方法去研究。所谓动态的方法就是将景观环境现象作为历史发展的结果和未来发展的起点，研究不同历史时期景观环境现象的发生、发展及其演变规律。

城市景观的整体性、复杂性与系统性都要求城市景观设计必须坚持动态性原则。城市景观设计不应只着眼于眼前的景象，还应着眼于它连续的变化，因此整个设计过程应当具有一定的自由度与弹性。

城市景观设计的动态性原则还有另外一个层面，即可持续发展。城市景观不是只供一代人或几代人使用，因此，其设计一定要慎重，必须坚持可持续发展原则。

（3）地域性原则

城市景观的地域性首先表现在自然条件上，包括当地的地形、地貌、气候与水文等，这是城市景观形成的基础，是人类赖以生存的物质前提；其次表现在人文条件上，城市景观地域性特点的形成在很大程度上受到人们的审美情趣、生活方式、社会心理等的影响。因此，研究城市景观的地域性特点时，需要解析不同地域城市景观的内部结构，包括不同组成要素之间的关系及其在整体中的作用，不同地域城市景观之间的联系，以及它们之间在发展变化中的相互制约关系。

（4）多样性原则

城市景观的地域性必然导致它的多样性，这种多样性表现在两个层面：一个层面是不同地域城市景观的多样性，另一个层面是同一城市景观系统内部的多样性。在城市景观系统中，多样性也非常重要。单调划一的事物无法给人的感官带来更多的刺激，由此会让人产生厌烦感；只有内容与形式丰富的事物，才能不断引起人们的兴趣。城市本身就具有多样性，城市景观设计也必须坚持多样性原则，这就要求人们在相关的设计中对已有的多样性予以保护与维持，同时通过设计手段进行新的创造。

（5）人本性原则

人是城市的主体，城市空间与物质实体是为人服务的，因此城市景观设计必须坚持以人为本，满足人的多方面需求。

第一，城市景观设计必须具备舒适性。如今人们在休闲、教育、养生、娱乐、健身以及社会交往等方面产生了各种各样的需求，对环境舒适性的要求提高了，这就对城市景观设计提出了更高的要求。

第二，城市景观设计必须具备可识别性。一个以人为本的城市景观，应当是一个人容易识别的环境。易识别的城市景观的空间应有层次感、有标志物、有指示信息、有文化感，并且环境良好。

第三，城市景观设计必须具备可选择性。一个良好的空间，也必须能给人们提供多种选择，这与城市空间的多样性是一脉相承的。

第四，城市景观设计必须具备可参与性。城市景观设计应当突出可参与性，这关乎人们在室外环境中的基本权利。

第五，城市景观设计必须具备方便性。城市景观设计旨在创造一个综合性的环境，满足居民在不同层面上的需求，这是确保城市空间对居民和游客都友好和可用的关键要素。

3. 基于环境艺术设计的城市景观设计的概念

环境艺术以人的主观意识为出发点，源于人们对美的精神需求，通过综合平面与立体等要素，以现成物和创造品组成由观者直接参与的环境，通过视觉、听觉、触觉、嗅觉等的综合感受，让人仿佛身临其境于一个艺术空间。可以这样说，环境艺术是对人类生存环境的美的创造。

从广义上讲，环境艺术设计如同一把大伞，涵盖了当代几乎所有领域的艺术设计，是一个艺术设计的综合系统。从狭义上讲，环境艺术设计的专业内容主要指以建筑外部和内部为代表的空间设计。其中以建筑、雕塑、绿化等要素进行的空间组合设计被称为外部环境艺术设计；以室内家具、陈设等要素进行的空间组合设计，被称为内部环境艺术设计。前者也可称为景观设计，后者也可称为室内设计，这两者在当代环境艺术设计中发展最为快速。

基于环境艺术设计研究城市景观，其概念也有狭义与广义之分。

狭义的城市景观是与园林联系在一起的，这种观点被称为"园林说"，其认为景观基本上等同于园林。这种概念下景观的基本成分可以分为两大类：一类是软质的东西，如树木、水体、和风、细雨、阳光、天空等；另一类是硬质的东西，如铺地、墙体、栏杆等。软质的东西，称为软质景观，通常是自然的；硬质的东西，称为硬质景观，通常是人工的。不过也有例外，如山体就是硬质景观，但它却是自然的。

广义的城市景观是城市空间与物质实体的外显表现。广义的景观本身大致包括4个部分：一是实体建筑要素，即建筑物，但建筑内的空间不属于景观的范畴；二是空间要素，包括广场、道路、公园、居住区及居民自家的小庭院；三是基面，主要包括路面的铺地；四是小品，如广告栏、灯具、喷泉、垃圾箱以及雕塑等，这些小品虽然不十分起眼，但在景观中却占有重要的地位，综合反映了一个城市的文化、社会、生态等方面的状况。因此，国外十分重视这一领域，小品基本上都由专业人士进行规划与设计。

所以，基于环境艺术设计的城市景观设计的概念，基本上采用广义的城市景观定义，即城市景观是城市空间与物质实体的外显表现。

项目三　城市景观设计的学习情境

通过前两节的学习，我们清楚地认识到城市景观是城市空间与物质实体的外显表现。本节对城市景观的分类体系进行归纳梳理，并设置城市广场景观设计、城市道路景观设计、城市居住区景观设计等具有代表性的学习情境，对城市景观进行点、线、面的空间整合。

1. 城市景观的分类

城市景观按不同的分类标准可以分为不同的类型，如可按空间形式分，可按内容分，也可按环境特性分。但城市景观构成的复杂性特点，使我们无论按哪种标准分类都很难囊括具有多样性的城市景观类型。举例而言，按空间形式可将城市景观划分为城市整体景观、城市街区景观等。这种分类强调了景观的空间形式特性，但与此同时，它却可能将某一景观类型更突出的特征性，如历史景观的历史文化特性、滨水空间的滨水环境特性等掩盖起来。因此，为了突出不同类型的城市景观的主导特性，我们并未刻意强调分类的纯粹性，而是采用以按空间形式分类为主，结合其他分类标准的方法。这虽然可能造成分类上的交叉，但能够使不同类型的景观的主导特性突出。

（1）规模分类体系

城市规模的分类体系有多种，如按人口的规模、面积的规模、经济的规模、功能的规模等分类。目前常用的分类标准多采用人口规模，由于各国的国情不同，城市人口规模分类标准也不同。在我国，城区常住人口在50万以下的城市为小城市，其中人口规模在20万~50万（左侧数字包括，右侧数字不包括，下同）的城市为Ⅰ型小城市，20万以下的城市为Ⅱ型小城市；城区常住人口在50万~100万的城市为中等城市；城区常住人口100万~500万的城市为大城市，其中人口规模在300万~500万的城市为Ⅰ型大城市，100万~300万的城市为Ⅱ型大城市；城区常住人口500万~1 000万的城市为特大城市；城区常住人口1 000万及以上的城市为超大城市。城市景观结构的研究着眼于城市内的空间特征，特别是建成区的景观特征，根据这一特点以及建成区与人口规模的比例关系，可以将城市景观规模确定为：Ⅱ型小城市，面积小于50平方千米；Ⅰ型小城市，面积50~70平方千米；中等城市，面积70~100平方千米；Ⅱ型大城市，面积100~700平方千米。Ⅰ型大城市，面积700~1 000平方千米。特大城市面积大于等于1 000平方千米。城市大小不同，城市景观迥异。

（2）系统分类体系

从系统的角度研究，城市生态系统可以看成是自然、经济、社会的复合生态系统，这种复合特征会在城市景观中得到反映。据此，城市景观可以分为自然景观，包括地貌、水文、植被等；经济景观，包括工业、商业、服务业等；社会景观，包括社区、政治象征、民俗风情实践、历史文化特征以及相关的节日和习俗等。城市景观是上述景观的综合反映。

（3）功能分类体系

城市是一个综合功能体，城市规划的目的是保障居住、工作、休闲与交通四大活动的正常进行，所以城市景观结构可以按城市功能划分为许多景观功能单元，如工业区的生产功能、商业区的流通服务功能、居住区的生活功能、公园绿地的美化净化功能等。据此，城市景观可以分为商业景观、交通景观、居住区景观、绿地景观等。

商业景观

交通景观

居住区景观

绿地景观

2. 城市景观设计学习情境的项目分类

城市景观设计涉及多种项目分类方法，基于环境艺术设计的城市景观设计，可将城市景观设计的学习领域限定为城市空间的场所表征，城市空间一般可分为开放空间、道路空间、建筑空间等。据此，城市景观设计的典型学习情境可归纳为城市广场景观设计学习情境、城市道路景观设计学习情境以及城市居住区景观设计学习情境等。

任务一 城市广场景观设计学习情境

城市是人类聚集生活形成的有机整体，从狭义的角度讲，城市是城市居民进行城市生活的基本的物质环境。许多人把城市比作一个大的生活居住体。城市的"客厅"以城市广场为代表，人们认为提高城市生活质量的前提是提高城市广场景观的质量，所以广场是城市文明的重要象征，也是城市景观最具魅力的构成部分之一。广场不仅具有集会、交通集散、居民游览休息、商业服务及文化宣传等功能，还具有展示的功能，例如许多影视娱乐节目都采用"广场"的概念，如"媒体广场""娱乐广场"等，这都可以体现出广场是一个"展示某种东西的地方"。

广场是城市道路交通系统中具有多种功能的空间，是人们举行政治、文化活动的中心，也是公共建筑最为集中的地方。广场的主要功能是供人们漫步、闲坐、用餐或观察周围的环境。与人行道不同的是，广场是一处具有自我领域的空间，而不是一个简单用于行走过路的空间。广场中通常会有树木、花草等的存在，但在广场中占主导地位的是硬质地面。

上海市人民广场。城市广场景观设计的内容包括：广场空间结构，广场功能布局，广场的性质、规模、标准，广场与整个城市及周边用地的空间组织、功能衔接和交通联系

（1）城市广场景观设计的发展现状

从某种角度来看，城市和城市广场的发展是社会经济发展的结果，但从本质上看应该归根于科技的进步。因此，我们要从科技进步的层面去分析广场功能的变化或"转移"。早先由于网购尚未流行，先进的交通、通信工具还没有出现，人们会去露天广场购物，会到公共水井打水，会到中心广场去听信息发布。现在，科技发展而出现的汽车、电视、互联网使得人们对信息的获取、购物甚至部分工作都可以在家里完成。这样的论述并不是否认人们对广场的需要，相反，人们会对广场有更多的期待。然而此时广场的功能已经悄然发生了变化，在一定程度上发生了"转移"，成为了人们在此交谈、观赏和娱乐的场所。城市广场景观体现出一个城市的文化和活力，极富生命力，它在城市景观中起着重要作用，这

是对建筑、景观、规划设计者的一种暗示：应该随时清楚自己的作品所服务的对象，而不应只是自得于作品的精美构图或技术的熟练上。

随着全球化进程的加快，各国的政治、经济、文化相互碰撞交流，全球范围内开始出现世界城市。在广场建设上，市民化、商业化、多样化趋势开始出现。

（2）城市广场景观的设计分析

城市广场景观是城市空间完整性的表现。城市空间包括开放空间和封闭空间（建筑空间），城市空间的完整性需要通过城市建筑的安排来体现。开放空间及其体系是人们认识、体验城市的主要窗口和领域。城市广场作为城市空间的重要部分，其设计应该充分考虑城市景观的完整性，使城市空间呈现连续性、流动性、层次性和凝聚性。

城市广场的完整性在设计初期就应被纳入考虑，设计者需结合规划地的实际情况，从土地利用到绿地安排，都应当遵循生态规律，尽量减少对自然生态系统的干扰，或通过规划手段恢复、改善已经恶化的生态环境，打造出适宜的城市广场景观环境。

一个聚居地是否适宜，主要取决于公共空间是否与其居民的行为习惯相符，即是否与居民在行为空间和行为轨迹中的活动和形式相符。总的来说，"适宜"就是"好用"，即用起来得心应手、充分而适意。符合适宜条件的城市广场应该充分体现地方特色。城市广场的地方特色既包括社会特色，也包括自然特色。

首先，城市广场应突出地方的社会特色，即人文特性和历史特性。城市广场建设应继承城市当地的历史文脉，适应地方风情、民俗文化，突出地方建筑的艺术特色，有利于开展具有地方特色的民间活动，避免千城一面、给人似曾相识之感，从而增强广场的凝聚力和城市的旅游吸引力。例如，西安的钟鼓楼广场便注重把握历史文脉，整个广场以连接钟楼、鼓楼，衬托钟楼、鼓楼为基本使命，把广场与钟楼、鼓楼有机结合起来，具有鲜明的地方特色。

其次，城市广场还应突出地方的自然特色，即适应当地的地形地貌和气候条件等。城市广场应强化地理特征，尽量采用富有地方特色的建筑艺术手法和建筑材料，体现地方山水园林的特色，以适应当地的气候条件。例如，近年来大连在城市开放空间的处理上在中国是处于领先地位的，有许多先进经验值得学习。大连的城市广场景观基本上以草皮为主，点缀各式造型的雕塑，令整个城市景观形象简洁、清新，又不失生动。大连很少种植大型乔木，这是为了适应当地土层较浅的客观条件；然而国内部分城市盲目模仿，造成"只见草地不见森林"的现象。很多炎热的南方城市，应结合本地的自然条件发展立体组合绿化，不应盲目效仿以大片硬地、草地为主的广场景观，否则会使广场的日间使用率低，造成土地资源的浪费。

城市广场是人们聚集的场所，这就要求城市广场的功能具有多样性功能。城市广场的功能有主次之分，它们除了要充分体现主要功能之外，还应尽可能地满足人们娱乐休闲的需求。人们的逗留对商家来说则蕴藏着无限商机，城市地价也会因城市广场的布置而发生变化。

17

综上所述，城市广场景观设计在形式、内容和功能上都必须满足现代城市社会、经济发展的需要。只有对聚居地的适宜度进行合理分析之后，才能设计出符合城市形象的城市广场景观。

（3）城市广场景观的设计内容

城市广场作为城市的一部分，人们除了关注其外在形式的美观、华丽外，还会关心其承载的功能。因此，城市广场的设计和建设一定要考虑影响人们行为活动变化的因素。

目前中国的城市广场中，中心广场、大广场较多，散布于城市中的小型广场还不能充分满足人们娱乐健身的需求。城市广场的设计应充分体现对人的关怀。古典广场一般没有绿地，以硬地或建筑为主；现代广场则有大片的绿地，并通过巧妙的设施配置和交通安排，竖向组织，实现广场的可达性和可留性，从而强化广场作为公众中心场所的定位。现代广场的规划设计以人为主体，体现人性化，其功能十分贴近人的生活。因此，城市广场景观的设计内容大致包括以下几个方面。

城市广场设计的价值功能体现

① 城市广场面积大小的确定。一般来说，城市大，城市广场的面积可以规划得大；城市小，城市广场则不宜规划得太大。片面地追求大广场，以为城市广场越大越好、越大越漂亮、越大越气派，那是错误的。对于小城市来说，城市广场太大会缺乏活力和亲和力。大广场不仅在经济上花费巨大，而且在使用上也不方便；同时，广场如果面积不适宜，也很难呈现出好的艺术效果。

一般而言，小城市广场的面积一般在1~2公顷，大中城市广场的面积在3~4公顷，如有必要可以再大一些。至于交通广场，其面积取决于交通量的大小、车流运行规律和交通组织方式等；集会游行广场，其面积取决于集会时需要容纳的最多人数；影剧院、体育馆、展览馆前的集散广场，其面积应能在许可的集聚和疏散时间内满足人流与车流的组织与通过的需求。此外，广场面积还应配置相应的附属设施，如停车场、绿化带、公用设施等。在观赏方面，设计者还应考虑人们在广场内时，与主体建筑物之间要有良好的视野，保证观赏的最佳视距，所以在高大的建筑物的主要立面方向宜相应地配置较大的广场。

② 广场要有足够的铺装硬地供人活动，同时也应保证不少于广场面积25%的绿化带，以丰富景观层次和色彩，树木也能为人们遮挡夏天的烈日。

③ 广场中需有坐凳、饮水设备、公厕、电话亭、小售货亭等服务设施，而且还要有一些雕塑、小品、喷泉等以充实内容，使广场更具文化内涵和艺术感染力。广场只有做到设计新颖、布局合理、环境优美、功能齐全，才能充分满足人们大到高雅艺术欣赏、小到健身娱乐休闲的不同需求。

④ 广场交通流线的组织要以城市规划为依据，处理好与周边道路的交通关系，保证行人的安全。除交通广场外，其他广场一般限制机动车辆通行。

⑤ 广场的小品、绿化带等均应以人为中心，时时体现为"人"服务的宗旨，处处符合人体的尺度。

此外，根据地形特点和人类活动规律，在城市的特殊空间节点上发展小型广场是今后城市广场的一个发展方向。这些小型广场可以成为社区级或小区级的中心，在一定程度上可以调节城市的人流量。

任务二　城市道路景观设计学习情境

城市道路景观设计大致可分为两个部分。一是道路上的交通工具、交通设施、交通管理以及人流等所涉及的动态景观因素；二是道路空间内的各组成部分、道路空间的边界和边界环境对景观的影响，以及道路空间与所属地段环境的关系等。

城市道路景观化就是设计行人、驾驶员以及乘客视觉上道路环境的空间形象。

目前大城市居民每天在路上所花的时间达一个多小时，现代城市的交通设施占地多达30%~40%，所占空间甚大，道路景观已成为城市景观的重要组成部分

（1）城市道路景观设计的发展现状

世界道路近80年来大约经历了3个发展阶段。第一个阶段是发展初期，为了防止雨天路面泥泞、保证车辆正常行驶，人们需要具有一定强度、平整度的晴雨天通车路面。当时人们的注意力集中在车行道的路面铺装与改进上；随着车辆的增加，行车拥挤，交通事故增加，人们又在平、纵、横的几何设计以及提高道路通行能力、改善交通组织和减少交通事故等方面下了很大功夫，这就是第二个阶段；然而第三阶段，汽车猛增，给社会、环境带来巨大的影响，所以在景观、社会、环境上需要更加经济适用的城市道路系统。

在设计上应用美学的原则已是当今城市道路发展的必然趋势。工程建设应利用已有美学成果去创建良好的交通环境。英国皇家城市规划学会前主席W.鲍尔讲道，"城市美观对于人们的健康幸福是重要的，做不到这些就会失败"，并认为"美学和社会上的考虑必须与经济上的考虑同时进行，在某些情况下美学角度的考虑甚至是决定性的"。

（2）城市道路景观的设计分析

道路景观是视觉的艺术。视觉使我们不仅能够认识外界物体的大小，而且可以判断物体的形状、颜色、位置以及物体在道路上的运动状态等。视觉可以使我们获得大多数的周围环境信息。现代道路景观是一个动态的系统，即动态的视觉艺术，"动"是它的特点，也正是它的魅力所在。设计者需要从运动角度对行人、骑车者、司机、乘客的视觉特性加以分析和研究，以便在道路景观与环境设计中能充分考虑到上述特性所带来的新问题与新概念。

道路空间是供人们相互往来、生活、工作、休息、购物与货物流通的通路。交通空间中有出行目的各不相同的行人、骑车者、司机和乘客。为了设计出较好的城市道路景观视觉环境，需要对有不同的出行目的与乘坐（或驾驶、骑乘）不同交通工具等参与道路交通活动的人所产生的行为特性与视觉特性加以思考，并从中找出规律，以此作为道路景观与环境设计的一种依据。

为了了解人在道路空间活动中的视觉特性，首先需要对在道路空间活动中的人的行为特性进行分析。

道路因功能的不同，承载着不同出行目的的人流与车流。出行的方式有乘坐公共交通工具，如公交车、轻轨、地铁等；乘坐私人机动交通工具，如小汽车、摩托车等；此外，还有骑自行车和步行。交通干道上步行、骑自行车的人较多，是我国的特点，也是在设计道路视觉环境时应注意的因素。

道路上的行人有行路的、购物的与游览观光的。行路的行人从出发点前往目的地，特别是上班、上学、办事的人员，在行程上往往受到时间的限制，较少有时间在道路上停留，他们有时间紧迫感，来去匆匆，将思想集中在"行"上，以较快的步行速度沿道路的一侧行进，争取尽快到达目的地。道路的拥挤情况、步道平整与否、道路整洁与否、过街安全与否等，这些对他们是重要的，只有一些特殊的变化或吸引人的东西，才能引起他们的关注。购物者多数选择步行，一般带有较明确的目的性，他们关注商店橱窗中陈列的物品，注意商店的招牌，有时为购买商品而在道路两边之间来回穿越（过街）。他们中有利用上下班间隙匆忙购物的人，也有时间充裕的专门来逛街的人。另有一类行人则以游览观光为目的，他们逛街、赏景，观看熙熙攘攘的人群，注意街上人们的衣着、橱窗、街头小品、漂亮的建筑，在广场或休息处停下来欣赏街景或看热闹。

骑车者，每次出行均有一定的目的性，或通勤，或购物，或娱乐。他们在道路上多表现为通过性，从一个地方到另一地方。目前自行车在不同城市与不同道路交通条件下，平均速度为10~19千米/时，特别是上下班骑车者多处于潮水般的车流之中，他们一般注意道路前方20~40米的地方，关心骑行安全，偶尔看看两侧的景物，并注意自己的目的地。自行车作为个体交通工具，一般有快于步行2~4倍的速度。骑车者在视野上、注意力集中点上以及对街景细节的观察上，必然与步行者有所区别，因此骑车者与步行者脑中的道路景观印象是有一定区别的。

机动车的使用者除了司机外还有乘客，尤其是喜欢坐在窗边的乘客，他们更注重对城市街景的欣赏，特别是外地乘客更希望利用乘车时间看到更多的城市风光，这是一般乘客的心理状态，因此设计者要重视这种视觉与心理上的要求。

综上所述，道路上活动的用路者都是在运动中观察道路及环境。由于他们的交通目的性不同，因此他们在道路上有不同的行为特性；同时由于他们的交通手段不同，他们还有不同的视觉特性。

一般用路者在道路上活动时，俯视要比仰视来得自然而容易。对道路空间视觉特性的研究分析表明，当汽车成为道路上的主要交通工具后，交通干道、快速路的景观空间构成要考虑汽车行驶速度，而且速度越快对景观尺寸的影响就越大。汽车时代产生的新视觉问题，要求设计者基于大尺度来考虑时间、空间变化，同时环境中也需要有特殊的吸引人的景观。这是技术进步给城市景观设计领域带来的划时代的革命，它带来了新的概念，是对传统观点的冲击与挑战。因此，用路者的视觉特性成为城市道路景观设计的重要依据，即司机、行人、骑车者在道路上处于不同的观察位置，可能形成不同的景观印象。同时，设计者要考虑我国城市交通的构成情况和发展前景，并根据不同的道路性质、各种用路者的比例，做出符合现代交通条件下视觉特性与规律的设计，以改进视觉效果。

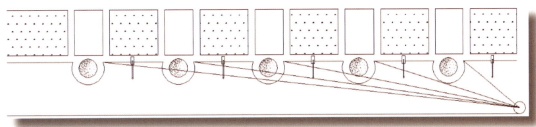

街景平面视点

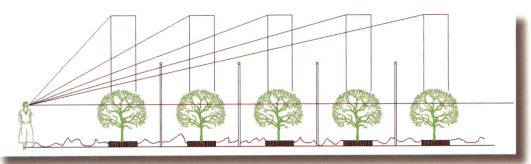

街景立面视点

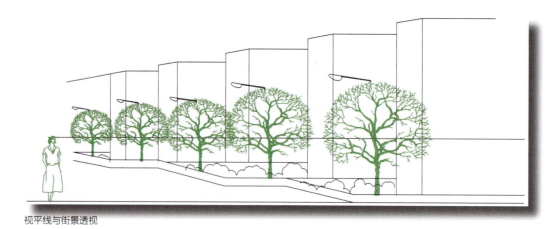

视平线与街景透视

综上所述，在不同性质的道路上，要选择一种主要用路者的视觉特性作为依据。如步行街、商业街的行人多，其景观设计应以行人的视觉要求为主；有大量自行车通过的路段，景观设计要注意骑车者的视觉特性；交通干道、快速路主要通行机动车，路线要作为视觉线形设计对象，它的景观设计也要充分考虑行车速度的影响。只有综合考虑上述各种视觉特性，才能正确地将其应用到设计中去，也才能形成具有当代风格的城市道路景观。

（3）城市道路景观的设计内容

城市道路景观设计主要根据用路者的视觉特性、行为特性来研究道路对组织城市景观艺术形象的重要作用，通过对现代交通条件下不同用路者的观察位置受到交通规则限制的分析，以及对不同用路者的视觉特性的研究，探索城市道路与视觉环境一体化的设计方法，以创造具有当代风格与特色的城市道路景色。

对城市道路景观进行研究最主要的是要考虑现代交通条件下各种用路者的视觉特性，根据道路的性质与功能，将道路分成若干视觉等级，选择一种主要用路者的视觉特性作为分析道路环境的依据。如快速路与交通干道主要服务于机动交通，道路的尺度大，车速较快，那么道路本身线形及其与环境的配合，特别是建筑的平面布置与尺度必须要与道路线形相适应。而商业街区、居住区的道路主要服务于步行交通和低速交通，因此考虑适合行人的视觉特性、行为特性以及和现代交通有紧密联系的道路环境是设计的主要出发点。

符合现代生活的城市道路在规划与设计上已和步行、马车时代有天壤之别。21世纪大城市的人们一般在步行街上自由漫步，商业街区的人行道上充满观光与购物的人流。现代化的交通工具更为常见，很多人坐上汽车、骑上自行车来观赏城市。

因此，在这种环境中，城市道路景观设计艺术的概念有一部分含义已变成人们乘坐不同交通工具在不同速度的运动中观赏（体验）到的一种动态视觉艺术，而且这种观赏又受到机动车道、自行车道、人行道的位置限制。特别是城市快速路减少了人们的距离感，并且在快速运动下可以将相距较远的建筑物拉近，使其形成车窗景观。新的城市景观概念要求建成的城市景观具有连续性。从视觉上看，只有利用道路上有方向性的活动才能达到连续性的目的。因此，城市道路景观设计是建成具有连续性的环境的重要手段。

目前，城市快速路上的车速高达50~80千米/时，就连自行车的平均速度也有12~15千米/时。骑车者以快于步行数倍的速度前进，在视觉特性上也必将产生一些变化。所以，基于用路者在有方向性的活动中的动态感受（体验），设计者势必要考虑到这种在一定速度下人们视觉上形成的街景印象。这种快速、有方向性、连续性的活动是技术进步所带来的，它必然产生一些新的概念。并使人们不得不对城市设计、道路设计以及交通环境中的各种因素产生一些新的观点，人们需要提出与过去不同的评价方法与标准。因此，城市道路景观的设计要考虑时间与速度的影响。

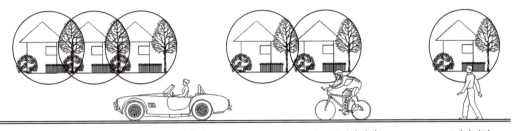

50~80千米/时　　　　12~15千米/时　　　　5千米/时

速度与景观的视觉关系

任务三　城市居住区景观设计学习情境

居住区是城市中一切行为活动产生的基础。大多数人在结束一天的紧张工作之后都要回到自己舒适的居住区中进行休息、调整。因此，居住区的景观设计十分重要。居住区景观设计是在城市详细规划的基础上，根据规划任务和城市现状，进行城市中生活居住用地的综合性设计工作，它涉及功能、卫生、经济、安全、美观等几方面的要求，旨在为居民创造一个适宜、经济、美观的生活居住环境。

（1）城市居住区景观设计的发展现状

良好的城市景观设计不仅具有社会、环境效益，而且具有经济效益，这一点在城市居住区景观的建设上尤为显著。在基本解决了居住面积问题之后，人们已不再满足于自身家庭内部的装修点缀，透过户外景观和环境，人们开始关注居住大环境的质量。近几年的开发建设实践证明，真正能够脱颖而出的居住区，并不仅是多植了一些花草树木，而是符合全面的居住区景观环境规划设计标准。全面的居住区景观环境规划设计至少需要考虑景观形象、日常户外使用、环境绿化这3个方面的内容。

我国早期的居住区景观建设仅仅是"居住区绿化"而已——简单地种上几棵树、铺上几块草皮，在住宅群中央设一块小区中心绿地……经过多年的重复建设，这似乎已成了僵化的模式。这种模式显然缺乏对于景观设计形象、功能、绿化等方面的全面考虑。

在住房制度改革后，大量的住宅都是个人自筹资金购买的。对于多数购房者而言，这笔资金数目不小，他们必须经过审慎的研究、比较，以确认自己购买的不动产能够保值。

随着人类对环境问题的日益重视，良好的社区内外环境已成为房地产市场中的有利因素。景观随时间推移而生长、扩大、美化；与建筑不同，景观大都随时间的推移而增值。一家一户还不明显，而对于一些成批购房的集体、企业而言，为确保在今后的换房及房产转让中居于有利地位，就不能不在购置房屋时考虑景观环境因素。经济杠杆使人们切身体验到了居住区景观环境的潜在价值，这是住房商品化的特征。要使每套住房都获得良好的景观环境效果，首先要强调居住区环境资源的均衡和共享，在规划时应尽可能地利用现有的自然环境资源创造人工景观，让所有的住户能共享优美环境；其次要使景观形态各异、环境要素丰富、院落空间安全安静，从而创造出温馨、朴素、和谐的居家环境。

现代城市居住区景观设计与设计者、开发商、业主三方相关。在景观设计过程中，设计者不仅要了解市场动向，也要为开发商着想，尽量采用最为经济可行、最有实效的设计方案，以达成与开发商的共识。

研究现代居住区景观设计要把握基本点、出发点。现在居住区景观设计变化迅速、五花八门，但是很多与之相关的新想法均来源于基本点，而且最核心的是回归人的基本需求，服务于人。这既是居住区景观设计的出发点，也是其追求的终极目标。

居住区景观环境最基本的氛围需求是"静"，绿化也好，场地也好，包括景观形象，其空间布局、材料选取，一切都应以营造宁静的氛围为标准。

除了"静"这一每个居住区都应具有的共性之外，对于每一个具体的居住区而言，最为重要的一点就是要具有可识别性，也就是"特色"。20世纪90年代以前，受"欧陆风格"的影响，欧陆风情式的居住区景观盛行。20世纪90年代以后，居住区景观设计开始关注人们不断增加的审美需求，呈现出多元化的发展趋势，提倡简洁明快的设计风格。同时环境景观更加关注人们生活的舒适性，要求不仅为人所赏，还为人所用。创造自然、舒适、宜人的景观空间，是居住区景观设计的又一趋势。

居住区景观的标志特征有助于形成居住区自身的形象特色，使居民产生归属感，这种特色的创造，就是城市居住区景观设计的艺术创作。崇尚历史、崇尚文化是近年来居住区景观设计的一大特点，开发商和设计者不再机械地割裂居住建筑和环境景观，而开始在文化的大背景下进行居住区的规划和设计，通过建筑与环境艺术来表现历史文化的延续性。

现代城市居住区景观设计的发展重点是以人为本，而以人为本的终极目标是优化人们对居住区景观的整体感受——使居住区景观让人有家园感、花园感和安全感。安全的居住区景观可以带来家园感，美丽的居住区景观可以带来花园感，令人安心的居住区景观可以创造安全感。

（2）城市居住区景观的设计分析

随着社会的不断进步，人们对居住区景观的要求不断提高，这使得开发商和设计者对居住区景观的设计和建设有了更高的追求。

现在的居住区景观设计，不仅讲究绿化的形态，讲究植物质感与色彩的配置，还讲究植物群落的生态化布局。绿化不是简单的"绿化"，而是讲究生态的绿化。从创造良好的居住区生态环境的角度考虑，设计者需要对以下因素进行规划。

① 分析居住区的朝向和主导风向，开辟、组织居住区的风道与生态走廊。

② 考虑建筑单体、群体、园林绿化对于阳光与阴影的影响，规划阳光区和阴影区。

③ 最大限度地利用居住区地面作为景观环境用地，甚至可将住宅底层架空，用作景观场地。

④ 充分利用居住区周围环境的有利因素，或是借景远山，或是引水入区，创造山水化的自然居住区。要创造青山绿水中的居住区，首先就需要进行这种"大手笔"的景观环境规划构思。

城市居住区景观环境在城市景观点、线、面的构成中属于大面积的"景观面"，其建设对于城市整体景观环境的质量至关重要。居住区以其自然、宁静的景观环境成为那些钢筋水泥制的办公建筑的缓冲器。亲近、宜人的居住环境是人们内在的需求。毕竟，人们有一半，甚至2/3的时间都在居住区中度过，居住区景观环境的质量直接影响人们的物质以及精神生活。对于居住区景观环境规划设计中的景观问题，设计者需要将自己置于住户的位置，在满足日照、通风等的条件下，最大限度地为其争取良好的景观，或在住户无景可观时，适时适地地造景或组景；此外，还要善于利用居住区外部的景色，将居住区外的风景"借入"居住区之中。这种手法在中国古典园林设计中应用较多，对今后的设计仍有很大的借鉴意义。总之，对于居住区景观的规划设计，设计者需要考虑以下几点。

① 借景：争取居住区外围的景色让住户感到满意。

② 绿满全景：在居住区内，利用绿化、地形、建筑、景观小品，尽量组织通透深远、层次丰富的景观视觉空间。

③ 以曲代直：在居住区环境空间的布局上避免横平竖直的形态，代之以自由曲线形的布局，还居住区自然园林空间的本来面目。

④ 与众不同：创造其他居住区所没有的景观形象。

居住区景观环境规划设计要考虑提供充足丰富的户外活动场地。在现代居住区规划中，利用传统的空间布局手法已很难形成有创意的景观空间，必须将人与景观有机融合，从而构筑全新的空间网络：亲地空间，增加人们接触地面的机会，创造适合各类人群活动的室外场地和各种形式的屋顶花园等；亲水空间，居住区硬质景观要充分挖掘水的内涵，体现东方的理水文化，营造人们亲水、观水、听水、戏水的场所；亲绿空间，硬质和软质景观应有机结合，充分利用车库、台地、坡地、宅前屋后，构造充满活力和自然情调的绿色环境；亲子空间，居住区要充分考虑儿童活动的场地和设施。为此，设计者需要考虑以下几点。

① 动态性娱乐活动与静态性休憩活动的结合与搭配。

② 公共开放性场所与个人私密性场地并重。

③ 开敞空间与半开敞空间并重。

④ 立体化的空间处理。例如，将住宅底层架空，用作公共活动场地。

居住区活动场地要满足不同年龄段、不同兴趣爱好的居民的多种需要。因此，在社区建设中适当地辅以娱乐活动设施有其特定意义。较为小型的设施可分散布置，并使其景观化；规模较大的设施适合集中建设，还应配置景观缓冲带予以隐蔽；对于公共活动空间的景观设计，既要保证有适当的硬质场地和美观适用的室外家具，也要保留具有一定私密感的安静场所。

综上所述，景观形象、功能使用、生态绿化是居住区景观设计的重点内容，居住区景观环境的功用也体现在这3个方面。对于住户而言，居住区景观环境首先是一处可供使用的公共场所。它既可向住户提供开放的公共活动场地，也可满足住户个人的私密空间需求。居住区公共场所不仅可以通过绿化环境、美化小品吸引住户走出居室，为住户提供社会交往的空间，还可以就近为住户提供面积充足、设施齐备的软质和硬质活动场地，使之参与公共活动，进而营造和谐融洽的社区氛围。

倡导回归自然的居住区

（3）城市居住区景观的设计内容

城市居住区景观设计的内容包括硬件和软件两个方面，二者分别称为物质环境和精神环境。这两方面必须互相依存，否则会导致环境失去平衡从而失去可居住性。

物质环境是指物质设施等物理因素的总和，是有形的环境，主要包括自然因素、空间因素等，具体是指住宅建筑、公共设施、道路广场等，亦可称为硬环境。

精神环境是无形的环境，如文脉特色、安全水平、舒适水平、归属感等，它是社会性、社区性、邻里性的集中体现，亦可称为软环境。

现代居住区是硬环境与软环境的综合统一体，它协调着人与交通、人与建筑、人与自然环境、人与公共空间、人与人以及居住与生活、居住与交往、居住与娱乐休闲等各方面之间的关系。

为了创造出具有高品质和丰富美学内涵的居住区景观，在进行居住区环境景观设计时，硬、软景观要注意美学风格和文化内涵的统一。需要指出的是，在具体的设计过程中，景观设计基本上是建筑设计领域的事，但绿植的配景又往往由负责园林绿化的设计师来完成。这种模式虽然能发挥专业化的优势，但相关各方若不能及时沟通就会割裂建筑、景观和园艺，造成建筑与景观设计上的不协调。所以在居住区规划设计之初就应对居住区的整体风格进行策划与构思，对居住区的环境景观做专题研究，提出景观的规划方案，这样，从一开始就能把握住硬质景观的设计要点。在具体的设计过程中，景观设计师、建筑工程师、开发商要经常进行沟通和协调，使景观设计的风格能融于居住区的整体设计之中。因此，景观设计应是开发商、景观设计师和建筑工程师三方互动的过程。居住区景观设计主要包括以下内容。

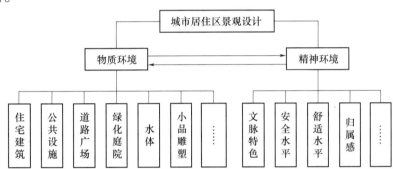

城市居住区景观的设计内容

① 选择和确定居住区的位置、用地范围。

② 确定人口和用地规模。

③ 按照确定的居住水平标准，选择住宅类型、层数、组合体户室比及长度。

④ 确定公共建筑规模、数量、用地面积和位置。

⑤ 确定各级道路的走向和宽度。

⑥ 对绿地、室外活动场地等进行统一布置。

⑦ 拟定各项经济指标。

⑧ 拟定详细的工程规划方案。

⑨ 确保居住区规划符合使用要求、卫生要求、安全要求、经济要求、施工要求和美观要求等。

城市居住区景观设计的内容涵盖了城市广场景观设计和城市道路景观设计，是城市景观设计中较为综合的应用项目。

综上所述，城市景观设计是一门综合性应用的学科。为了更好地学习城市景观设计的实践方法，本书去繁从简，将城市景观设计的学习划分为以下 3 个阶段。

　　第一阶段为基础认知阶段，以某城市为实践领域设置学习任务，通过了解该城市的演进与发展，调查该城市地域面积及人口规模，分析归纳出该城市的景观结构。

　　第二阶段为项目学习阶段，通过对具体城市的剖析解构，设置城市广场景观设计、城市道路景观设计以及城市居住区景观设计 3 个项目。项目设置从简单到复杂，通过技能实践加强对城市景观设计各领域的认知，掌握城市景观设计的方法。

　　第三阶段为案例赏析阶段，展示优秀的项目案例，为树立纵览全局的城市景观设计意识打下坚实的基础。

02

第2篇　城市景观设计项目实训篇

　　城市是人类文明的载体，是生活秩序的物化表现。人的活动需要相应的设施，从神庙、宫殿、住宅、公共建筑到街道、广场和公园，每一种城市元素都在为城市的运转提供能量。

　　本篇通过城市景观设计的3个典型项目——城市广场景观设计、城市道路景观设计、城市居住区景观设计，帮助读者提高设计能力。每个项目挑选典型的任务作为实例，带领读者了解实际的设计原则、设计方法和设计成果，培养读者举一反三的能力。

项目一　城市广场景观设计

学习目标		
知识目标	能力目标	素质目标
1. 明确城市广场规模、定位不同广场对景观设计的影响，掌握城市广场景观设计的功能划分 2. 了解城市广场景观设计的内容，掌握相关构图方法与技巧 3. 掌握城市广场主体元素的设计方法与技巧 4. 掌握城市景观设计的视觉表现 5. 掌握城市景观设计的制图程序	1. 能够运用城市景观设计的分析方法完成对广场的定位 2. 能够根据设计主题构思创意并完成广场的构图设计 3. 能够完成符合广场主题的景观元素设计	1. 传承民族文化，增强创新设计意识，提高美学和人文素养 2. 弘扬中华美育精神，在设计中传承和弘扬中华优秀传统文化 3. 培养文化认同感和对优秀民族文化的自豪感 4. 培养团队合作精神

如果把城市景观看成点、线、面的组合与构成，那么城市广场就是组成城市景观的点，所以城市广场景观设计是城市景观设计的基本要素之一。

今天，城市结构发生了巨大的变化。在过去单一的城市结构中，广场常常是唯一的。随着城市结构的不断复杂化，城市空间出现了分级现象，城市广场也随着城市结构的变化而出现了等级，城市中心广场、城区中心广场、街道广场和社区广场在城市空间结构以及城市生活中扮演着不同性质的角色。

现代生活使人们在工作之余渴望得到良好的休息。在这种情况下，城市广场景观设计不但要一如既往地为公众提供怡情、放松的场地，还要促进公众更加积极主动地调整自身的生理、心理状态。因此，现代的城市广场景观设计必须从公众使用、生态绿化、景观设计3个方面出发，以满足公众的需要为目的，在一定程度上展现出城市风貌和文明程度。

任务与实施

任务——掌握城市广场景观设计的方法，培养城市景观设计能力。

实施——以专业技能的培养过程为完整的任务实施过程，各阶段的任务依次如下。

（1）准备阶段任务：对城市广场进行现状分析与功能定位。

（2）策划阶段任务：对不同类型的城市广场进行创意构图与景观设计。

（3）设计阶段任务：对城市广场的单个景点进行设计。

（4）文本编制阶段任务：完成城市广场景观设计的图、文编制。

重点与难点

　　了解城市广场景观设计的内容与要求，掌握城市广场景观设计的构图原则和方法。

项目实训技能与成果

　　（1）中级手绘：具备一定的手绘水准，并能创造出包括手绘透视图在内的合格图纸。

　　（2）分组图纸排版：需要兼顾上下相邻图纸的表达风格与逻辑关系的某一部分图纸的排列，着眼于设计的全局统筹部署。

　　（3）分析图的初步设计与绘制：培养和训练设计分析图的能力掌握这一个设计表达的核心部分。

　　（4）小型设计：独立完成小型设计项目，保持形式设计与对项目深入分析应齐头并进。

任务一　准备阶段

准备阶段任务　对城市广场进行现状分析与功能定位。

目标与要求　形成对城市广场景观设计原则与要求的整体认知，掌握城市广场景观设计的分析方法。

案例与分析

　　城市广场景观的设计者面临的首要问题是城市广场景观设计的定位是什么以及如何设计。通过分析如下案例，我们首先来了解城市广场景观设计的相关知识。

　　下面以鹤岗市振兴广场景观设计为例进行解释。

　　振兴广场概况：向阳区是鹤岗市人民政府、矿务局办公大楼所在地，是鹤岗市政治、经济、文化中心，该广场位于鹤岗市向阳区的中心地带。

　　振兴广场设计构思：设计者对场地进行踏勘后，认为振兴广场的设计构思应主要从形象、功能、环境3个方面入手，构思原则主要包括以下几点。

　　（1）地块分析

　　该广场占地约2万平方米，长约200米，宽约100米，广场规模不大。

　　（2）功能分区

　　该广场按功能分为中心广场、广场休闲区、林间活动区、场地活动区、林荫环路。通过景观主轴线与辅助轴线，广场各区域的功能得以相互独立且有机统一。

振兴广场夜景鸟瞰图

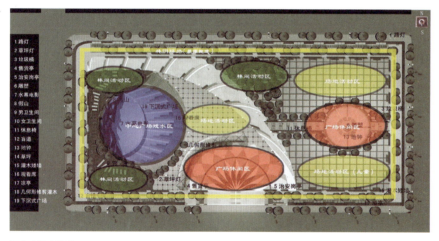

振兴广场功能分区

课堂实践：
讨论城市广场景观设计的内容和要求

　　中心广场位于广场中心，面积约为3 500平方米，设置巨型假山、大型水幕电影、旱地激光喷泉等，主要提供水幕电影、激光喷泉表演、综合娱乐功能。它作为广场的核心区，旨在满足各年龄段市民的需要。

　　广场休闲区由雕塑、地钟组成。雕塑包括锻铜浮雕与彩钢圆雕，展现鹤岗市的历史与未来，与地钟共同表现历史与发展的主题，形成供市民领略历史文化、畅想未来的休闲文化区。

　　林间活动区以软质景观为主，采用自然式园林设计手法，通过适合本地区种植的植被的合理配置，形成相对安静的功能区。

　　场地活动区由儿童、青少年、中老年活动区3个部分组成，以广场砖等硬质铺装为主，形成开阔的活动空间，主要为儿童、青少年、中老年人共同游玩提供活动空间，满足各年龄段市民对广场功能的个性化需求；通过道路、植物绿化带对该区进行有组织的划分，避免各部分相互干扰。

林荫环路布置在广场周边，由灌木绿化带、塑胶跑道、休息亭、落叶乔木组成，主要提供跑步、散步功能，可减少动态人流对广场内部的干扰。

假山的北、南、东侧以密林植物为主，构成林、树、花、草的自然景观；林间小径、休闲长椅形成了阅读休闲"静区"。

（3）广场设施

根据不同需求，广场在不同位置配置了管理办公室、公厕、休闲长椅、花廊、亭、小品、高杆灯、地灯、草坪灯、旱地激光喷泉、水幕电影、零售商亭，并通过设施的搭配形成景观动线及功能分区标志。

（4）生态价值

将尊重自然、关注环境的理念贯彻到设计中。在具备一定功能的基础上增大绿地面积，使广场建成后对周边环境品质起到提升作用，拉动周边地段升值，创造附加经济效益。

城市广场建设是自由、平等思想在城市建设中的具体反映，也是城市管理者重视市民需求、营造城市文化的具体措施，城市广场景观设计应突出体现上述思想原则，实现社会效益、经济效益、环境效益的平衡。

知识与技能

在城市广场景观设计的准备阶段，首先应该了解广场规模，明确设计定位，再围绕主要设计内容——广场的形象、功能、环境展开准备工作。

1. 了解广场规模

城市广场是满足大众群体聚集需求的大型场所，所以要求有一定的规模。广场的尺寸不同、规模不同，其规划设计方法也不一样。例如，振兴广场占地2万平方米，规模适中，长宽比为2∶1，空间尺寸条件不佳，因而在设计中将景观主轴线与长边中线重合，将空间划分为3个主要部分，以改善空间尺度，同时通过透景线使3个部分对景呼应，相对独立。另外，城市广场景观设计还有容量要求。容量指广场设计的密度。占地面积相同的广场，依据不同的设计方案，可以容纳1万人，也可以容纳3万人。所以容量控制在设计前就应该有预期。

2. 明确设计定位

设计定位主要指广场在城市或区域中所处的位置，以及需要什么样的设计水准和设计风格。设计水准通俗来讲就是看设计是符合国内水准还是国际水准。设计风格可释义为规划设计所用方法和元素的组合，其是欧陆式的，还是比较传统的中国园林式的；是开敞空旷的，还是封闭幽静的，这些都应根据具体情况具体分析。

3. 研究设计内容

城市广场景观设计内容是围绕形象、功能、环境3个方面展开的。

（1）广场的形象设计——广场中的主要景观设计

　　广场中的主要景观是对广场形象的集中展现，也是城市形象展示的窗口。因此，首先需要选择符合设计定位的主要景观，为广场设计确定主要方向。例如，振兴广场的主要景观是巨型假山、大型水幕电影、旱地激光喷泉，及通过锻铜浮雕与彩钢圆雕表现鹤岗市历史与未来的雕塑与地钟，它们共同展示着城市形象。

巨型假山群景观

雕塑景观

　　（2）广场的功能设计——结合人的行为与需求进行设计

　　广场的功能设计离不开使用广场的人，离不开人的行为及精神需求。分析人们在环境中的行为心理，可以使城市广场景观设计更加具体和有针对性。

　　①不同尺度的环境场所

　　空间是由三维尺度数据限定出来的实体。

　　场所是有明显特征的空间。一般认为，场所的三维尺度概念比空间的要模糊一些，场所通常没有顶面或底面，它依据中心和包围它的边界两个要素而建立，具有一种内在的心理力度，吸引和支持人的活动。

　　领域的空间界定比场所更为宽松。在生物学中，是指某个生物体的活动影响范围；在心理学中，是指人类的行为具有某种类似动物的特性，这些特性被称为人类的领域性。从人类的景观感觉角度来说，空间是通过人的生理感受界定的，场所是通过人的心理感受界定的，领域则是基于人的精神方面的量度而界定的。所以，建筑设计的工作边界多以空间为基准，而景观设计的工作边界要以场所和领域为基准。从"空间"到"场所"，再到"领域"，是一个从有明确实体的有形限定到非实体的无形界定的转换过程。

　　②场所使用者心理及社会行为现象分析

　　人类的户外行为规律及需求是景观设计的根本依据。景观设计的成败，归根结底就看它在多大程度上满足了人类开展户外活动的需求。因此，分析景观中的人类行为及大众思想，是进行城市景观设计前的重要工作。

　　人类最常见的需求主要分为生理需求、安全需求、社交需求、尊重需求和自我实现需求（按层次由低到高排列）5类。城市景观设计强调开放空间，其关注的行为也是人在户外开放空间中的行为，诸如人在街道上、公园里、广场上、学校大门口的活动等。这些活动可以归纳为3种基本类型：必要性活动、选择性活动和社交性活动。

- 必要性活动就是人为了满足生存需求而必须进行的活动，如乘坐公共交通去上班就是一种必要性活动，它的最大特点就是基本上不受环境品质的影响。
- 选择性活动就是诸如散步、游览、休息等主体随心情变化而选择的活动。选择性活动与环境品质有很密切的关系。
- 社交性活动也称参与性活动，不是单凭主体个人意志支配的活动，而是主体在参与社会交往中所发生的活动，如聚餐、聚会等。社交性活动与环境品质也有相当密切的关系。

上述3类活动都与环境因素有关，选择性活动受环境因素的影响最大，社交性活动也受一些影响，必要性活动受影响程度很小。景观设计就是在保证人的必要性活动空间的基础上，创造优美的环境，以促进人的选择性与社交性活动的进行。振兴广场的设计按照使用者的年龄结构对广场使用功能进行精心组织与设计，形成老年活动区、中青年游览区及儿童游戏区。由此可以看出，人的行为决定了广场设计的景观价值与功能体现。

硬质场地活动区   林荫环路局部

（3）广场的环境设计——广场的生态作用和绿化作用

目前部分广场忽视环境因素，硬质铺地过大，绿化缺乏；即便有绿地，其往往也是平面型的，广场缺乏立体型绿化。就城市广场绿化而言，南方城市多需要阴影，北方城市多需要阳光。因为南方城市广场如果以大片硬质铺地、绿地为主，就很难满足大众庇荫遮阳的基本户外活动需求。振兴广场要在提供基本功能的基础上增大绿地面积，这是设计者做设计时必须要考虑的环境问题。

准备阶段任务小结

通过对城市广场景观设计定位的了解，学习者应掌握景观设计初期场地环境的情况、人们的行为与心理对城市广场景观设计的影响；通过准备阶段的学习，学习者能够对城市广场景观设计初期进行现状分析与功能定位，形成对城市广场景观设计原则与要求的整体认知，从而掌握城市广场景观设计的分析方法。

牛角坡道

花廊

任务与实践

1. 以小组为组织形式，收集有关城市广场景观的图文资料。

2. 分析一个或多个案例中城市广场景观设计在形象、功能、环境 3 个方面的内容和表达形式，得出判断城市广场景观设计优劣的方法。

任务实践参考表格

扩展知识

课后实践

任务二　策划阶段

课堂实践：
讨论功能定位的重要性

策划阶段任务　对不同类型的城市广场进行创意构图与景观设计。

目标与要求　掌握城市广场景观设计创意与构图的方法和技巧。

案例与分析　北京中关村科技园区东入口广场。

中关村科技园区东入口广场规划设计的区域占地约 40 公顷，设计的目标是集中体现科技园区的科技发展历史和文化内涵，创造一处简洁明快、富有现代气息、适合人们参观浏览和集散的场所。景观设计采用科技园区的标志图案作为基本设计主题。在核心景观区，将文化创业碑墙和广场主体设计成为园区标志性的构图，使之成为大地景观。

130 米长的广场主体上，布置整齐的树阵缓缓抬高，伸入高约 5 米的山丘中，直指西山；用黑色花岗岩建成的景墙呈螺旋状随势上升，简洁有力，上面铭刻中关村科技园区的历史大事及名录；景墙与广场主体交接处放置雕塑，其下有喷泉水池；广场主体与景墙围合处设置螺旋形的音乐喷泉，水随乐起，充满活力；而在广场主体的南侧，以灌木带、小径、点状乔木等形式构建的"比特空间"，形式有如电路板，充满趣味。

知识与技能

1. 从几何形体到景观设计

设计师将中关村科技园区的标志进行了两种角度的呈现：一是通过广场主体、景墙等构建了一个平躺于地面的标志；二是通过21米高的蓝色雕塑呈现了立体的标识，以强调广场的纪念意义、丰富内涵和亲民特征。

蓝色雕塑呈现了立体的标识

由此案例我们可以看出，景观设计的创意与构图和几何形体之间有着密切的联系。几何形体的重组与构成方法，是城市景观设计创意与构图的基本工具。

几何图形源于3个基本的图形：正方形、三角形、圆形。如果我们把一些简单的几何图形或由几何图形组合出的图形有规律地重复排列，就会得到整体上高度统一的形式，通过调整其大小和位置，就能使最基本的图形变成有趣的设计形式。所以重复是组织中一条有用的原则。

从几何体到景观设计

（1）矩形模式

迄今为止，矩形是最简单和最有用的设计图形，它同很多建筑材料形状相似，易于同建筑物相配。在建筑物环境中，矩形或许是景观设计中最常见的组织形式，原因是这种图形易于衍生出相关图形。下文①就是应用矩形模式进行设计的实例。

① 正方形网格线对概念性方案设计的作用

将正方形网格线铺在概念性方案的下面，就能很容易地得到功能性示意图

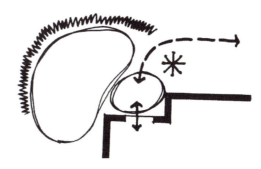

在概念性方案中，圆圈和箭头分别代表功能性分区和走廊

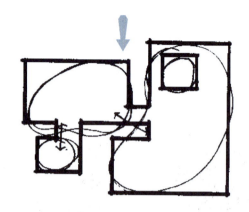 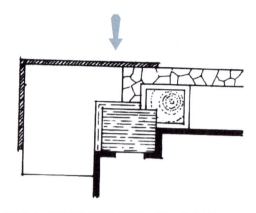

通过正方形网格线的引导，概念性方案中的粗略形状将会被修改成边界清晰的概念图。这些新画出的、带有90°拐角和平行边的盒子一样的图形，就被赋予了新的含义

概念性方案中带箭头的线变成了用双线表示的道路的边界，遮蔽物符号变成了用双线表示的墙体的边界，中心焦点符号变成了小喷泉。在最终的设计图中，线条代表实物的边界线，显示出一种物体向另一种物体的过渡，或者是一种物体在水平方向上的突然转变

② 从抽象思想到实际物体的转化依据

这种90°矩形模式最易与中轴对称搭配，它经常被用在要表现正统思想的基础性设计中。矩形模式尽管简单，但利用它也能设计出一些不寻常的有趣空间，特别是可以把垂直因素引入其中。把二维空间变为三维空间以后，由台阶和墙体处理成的空间下沉或抬高的变化，丰富了空间特性。

（2）三角形模式

不同的模式会形成不同的构图。为比较两种模式的差异，这里还是使用矩形模式的概念性方案图，同时用等腰直角三角形网格线作为引导模板。

三角形模式带有运动的趋势，能给空间带来某种动感。随着水平方向垂直方向的变化，这种动感会越发强烈。

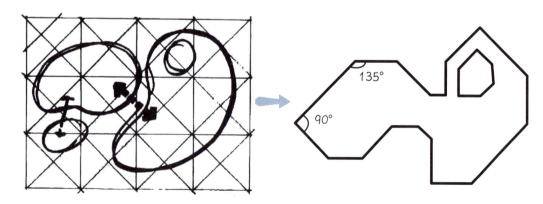

附有等腰直角三角形网格线的概念图

重新绘制代表物体或材料边界的线条。下面的网格线仅是一个引导模板，因此一开始没必要很精确地描绘；但内部模块及对应线条之间的平行对后续概念图的进一步绘制却很重要，最终要得到边界清晰的概念图

（3）六边形模式

① 六边形的组合

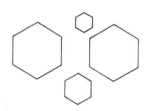

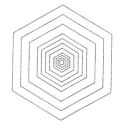

根据概念性方案图的设计需要，可以将六边形复制成大小相同或不同的多个，形成不同六边形的组合

将多个六边形放在一起，使它们相接或相交，形成螺旋状的六边形组合

嵌套的六边形组合

② 六边形模式设计实例

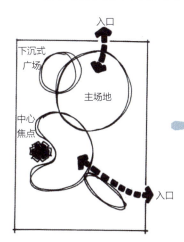

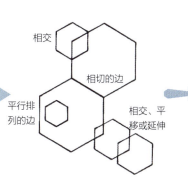

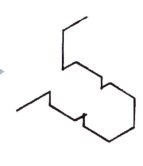

以概念性方案为底图，确定六边形组合的空间位置及大小

依据概念性方案图布置的六边形组合

要使空间表现更加清晰，可用擦掉某些线条、勾画轮廓线、连接某些线条等方法简化内部线条

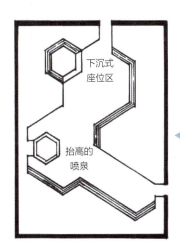

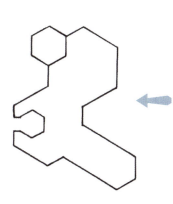

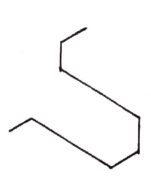

边界的细部处理。根据设计需要，可以采取抬高或降低水平面、突出垂直元素或发展上部空间的方法来开发三维空间

边界清晰的概念图中，线条就代表实物的边界

需要注意的是，为避免锐角出现在环境空间中，所以外部应简化线条

（4）圆形模式

用单个圆形设计出的空间能突出简洁性和力量感，而多个圆形的组合所能达到的效果就不止于此了。

① 多圆组合

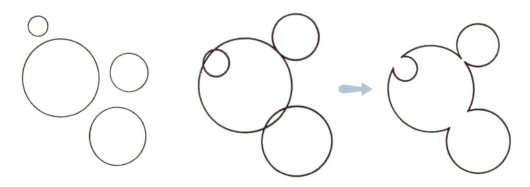

多圆的组合。基本的模式是不同尺度的圆相叠加或相交。从一个基本的圆开始，将圆复制、扩大或缩小

当几个圆相交时，把它们相交的弧的夹角调整到接近90°，这样可以从视觉上突出它们之间的交叠。避免两圆小范围相交，否则将产生一些锐角；也要避免画相切圆，除非几个圆的边线要形成"S"形空间。上图是小范围相交和相切的情况

形成不利于场地设计的锐角空间

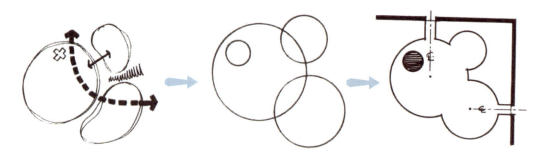

概念图

圆的尺寸和数量由概念性方案所决定，必要时还可以把它们嵌套在一起，用来代表不同的物体，依据概念图形成多圆组合

用擦掉某些线条、勾画轮廓线、连接圆和非圆等方法简化内部线条；连接如人行道或过廊这类直线时，应该使它们的轴线与圆心对齐，以形成场地环境

② 同心圆和半径

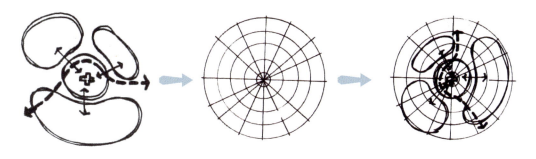

概念图

准备标有半径线的同心圆模板

把模板置于图下，形成附有模板的
概念图

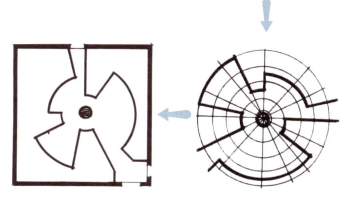

擦去某些线条以简化构图，最后形成场
地环境

根据概念性方案中所示的尺寸和位置，
遵循网格线的特征，绘制实物平面图。
这些线条可能不能同下面的网格线完全
重合，但它们的延长线必须通过圆心或
者可以作为未画出的同心圆的弧线，从
而勾勒区域边界

③ 圆弧和切线的设计应用实例

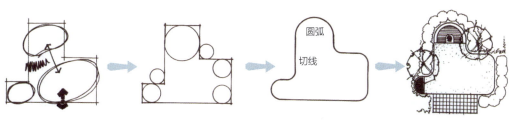

概念图

在拐角处绘制不同尺寸的圆，
使每个圆和直线相切

描绘相关的边，形成由圆弧和切
线组成的图形，得到场地边界

增加简单的连线使其和周围
环境相融合，再增加一些材
料和设施形成细化的设计图

④ 圆的一部分的设计应用实例

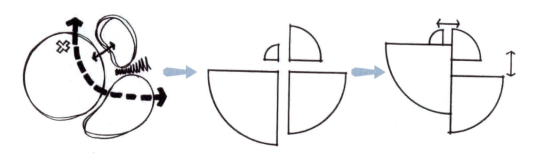

概念图

从一个基本的圆开始，把它分割、分离，再把得到的图形复制、扩大或缩小，依据概念图形成组合构图

根据概念性方案确定图形、尺寸和位置，沿同一图形的边滑动其他图形，合并一些平行的边，使这些图形得以重组

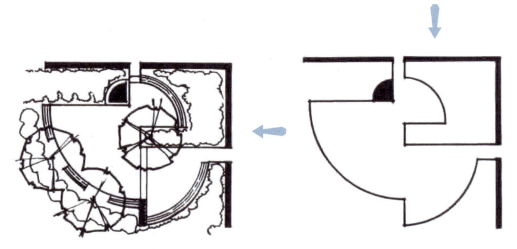

通过抬高或降低水平面和添加合适的材料来改进和修饰设计图，形成场地边界

绘制轮廓线、擦去不必要的线条，以简化构图，增加连接点或出入口，绘出图形大样

（5）场地应用实例

为更好地对比不同几何形体在设计中的应用，下面用不同的图形模式绘制一个居住区广场的景观设计图。每一个方案中都有相同的元素——临水的平台、设座位的主广场、小桥和必要的出入口，以表现出不同模式下的多变空间。

以矩形模式为主体的景观设计图

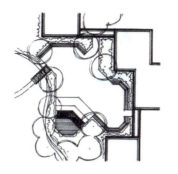

以直角三角形模式为主体的景观设计图

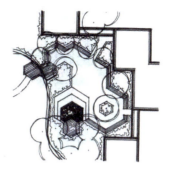

以六边形模式为主体的景观设计图

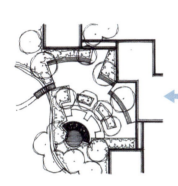

以圆形模式（同心圆和半径）为主体的
景观设计图

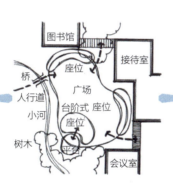

概念图

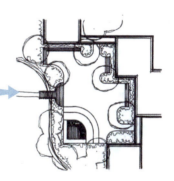

以圆形模式（圆弧和切线）为主体的景
观设计图

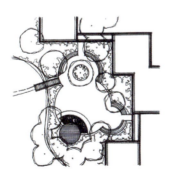

以圆形模式（多圆组合）为主体的景观
设计图

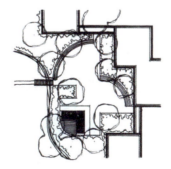

以圆形模式（圆的一部分）为主体的景
观设计图

2.从自然的形式到景观设计

景观设计中的自然式图形是对自然界元素的模仿、抽象或类比。

（1）曲线

河床的平滑边线是曲线的基本形式之一，它是由一些不断改变方向的曲线组成，没有直线。

从自然的形式到
景观设计

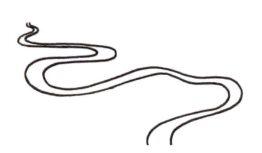

平滑的曲线

曲径

从功能上说，这种蜿蜒的形状是设计一些景观元素的理想选择，如某些人行道适合采用这种平滑的形式。

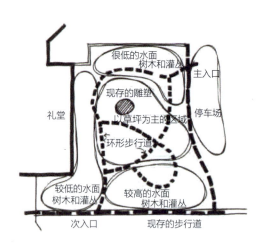

自由的路径

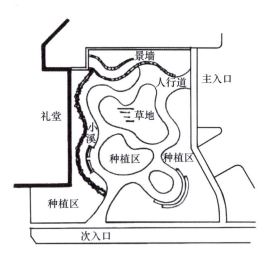

用曲线勾画出场地，人行道、墙、小溪及种植区的边线都设计
成蜿蜒的形式

（2）自由的椭圆

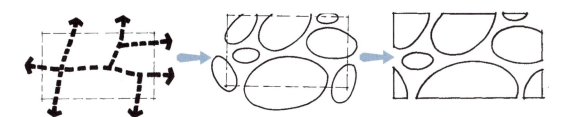

步行道概念图

如果把椭圆看成是脱离精确的数学定义的几何形式，我们就能画出很多自由的椭圆。徒手画椭圆是很容易的事。这些泡状的图形是以相当快的速度被绘制而成的。绘制的这些椭圆有很强的重复性，我们通过这些重复的椭圆就能把转角部分变得更平滑。自由的椭圆适用于步行道的设计

根据空间大小调整椭圆的尺寸，最终形成道路场地环境

连接这些椭圆的外边界，可得到一个凸起的图案

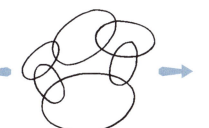

相交的自由椭圆组成了具有动感的穗状图案

连接这些椭圆的内边界，可得到一个尖锐的扇贝形图案

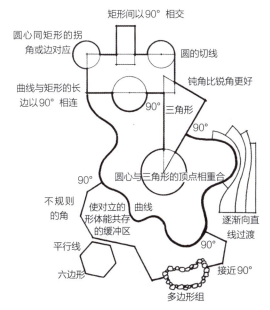

多形式综合应用

3. 多形式综合应用

仅仅使用一种设计形式固然能产生很强的统一感（如重复使用同一类型的形状、线条，同时靠改变它们的尺寸和方向来避免单调），但在通常情况下，我们需要连接两个或更多相互对立的形式（概念性方案中存在几个次级形式，是材料的改变导致形式改变，或者设计者想用对比增加情趣）。不管出于何种原因，我们都要注意创造一个协调的整合体。

多形式综合应用

策划阶段任务小结

以逻辑为基础并以几何图形为模板，所得到的图形遵循各种几何形体内在的数学规律，运用这种方法可设计出高度统一的空间。但我们需要知道，对于纯粹的浪漫主义者来说，几何图形是乏味的、令人厌倦的，丑陋的和令人郁闷的。他们的思维模式是以自然的形式为模板，通过更加直接的、非理性的方法，把某种意境融入设计中。他们设计的图形似乎无规律、琐碎、离奇、随机，但却迎合了使用者喜欢消遣和冒险的一面。所以设计形式有两种不同的思维模式，这两种模式都有内在的结构，但我们没必要把它们绝对地区分开来。通过策划阶段的学习，学习者应掌握城市广场景观设计创意与构图方法和技巧，能够对不同类型的城市广场进行创意构图与景观设计。

任务与实践

拟定某矩形场地，使该场地的长宽比为2:1，以"奋斗"为主题对该场地进行创意构图与设计。

任务实践参考表格　　　　　　扩展知识　　　　　　课后实践

任务三　设计阶段

设计阶段任务　对城市广场的景点进行单体设计。

目标与要求　掌握城市广场空间设计及景观主体元素设计的技巧与方法。

案例与分析　重庆三峡广场。

扩展知识：
重庆三峡广场的空间
与形式

重庆三峡广场整体鸟瞰图

重庆三峡广场总体平面图

节点1景观为历史之源广场，它是万州城市历史景观带的起点。该场地通过具有构成感的形体形成视觉中心，并将神话传说以及考古发现通过镂刻与浮雕的形式刻画在形体上。

节点9景观是广场的主题雕塑——风帆。极具张力的钢雕下是一组移民雕塑。雕塑体现出移民对家乡的眷恋和对未来的希望，同时也是万州城市历史景观带的终点，预示着万州将乘风破浪、勇往直前。

老年人活动区位于广场的西南角，不同标高的平台散落在斜坡草地上，矮墙和树木围合成静谧的空间，为老年人提供了一个休闲聚会的场所。儿童活动区位于广场的西北角，不同标高的活动场地布置在斜坡草地上，游乐器械与矮墙共同构成儿童玩耍的乐园。万州城市历史景观带贯穿用地的东西方向，通过铺地、绿化和小品的序列加以强化，在景观带中布置景墙式雕塑群，反映万州的千年沧桑变化。三峡移民历史景观带由南北向的弧形景墙与下沉纪念广场构成。

由此可以看出，广场的景观设计以整体规划设计为依托，按照大的功能布局来进行安排。整体景观应简洁大方，通过形态、色彩和材质的对比，吸引人们的注意力并引起人们丰富的联想，揭示广场景观设计的主题。利用雕塑、壁画等艺术手段可给人以更直观的视觉享受和历史体验。环境小品的风格应简洁大方，与整体景观的风格相吻合。

城市景观设计需要通过某种实体构筑展现，实体构筑的设计成为广场的灵魂所在。在设计阶段，我们必须掌握广场的空间设计及主体元素设计。

历史之源广场

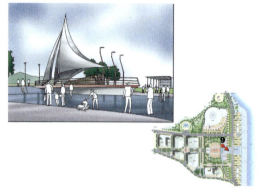

主题雕塑——风帆

老年人活动区

儿童活动区

万州城市历史景观带

三峡移民历史景观带

知识与技能

1. 城市广场的空间设计

在广场设计中，合理的广场的空间形态、广场的空间围合、广场的空间尺度、广场的序列空间是设计出适宜的、人性化的广场空间的必备条件。

（1）城市广场的空间形态

有限定的空间才能称为广场。影响及限定广场空间形态的主要因素包括：周围建筑的形体组合与立面所限定的建筑与绿地环境、街道与广场的关系、广场的几何形式与尺度、广场的围合程度与围合方式、主体建筑物与广场的关系、主体标志物与广场的关系以及广场的功能等。若简单按照广场空间的区域划分模式来讲，广场空间包括广场的竖向界面、基面及空间中的设定物。

① 竖向界面

竖向界面包括空间界面和功能界面。空间界面既是围合广场空间的要素，又是广场的边界，从物质本体来看可分为硬质边界（建筑物）和软质边界（非建筑物，如街道、绿化等），前者对广场起强限定作用，后者起弱限定作用。建筑物及绿化对广场的作用表现在3个方面：第一，通过围合限定广场的空间形式；第二，建筑物、绿化边界成为广场环境的观赏内容之一，并通过其界面的虚化形成"灰空间"融入广场空间；第三，形成标志和丰富空间层次。

功能界面并不一定是物质界面，也可以是通过类似功能的连续形成类似界面的效果。与意大利的小型城市广场周围建筑物的使用功能类似，这些建筑物大都是咖啡馆、酒吧等，因而形成了功能界面效果。

② 基面

基面也是构成广场空间、影响广场空间形态的重要部分，它是广场的基础，对人们有重要意义。基面不仅结合竖向界面共同划分出多样化的空间，同时它也有良好的观赏效果。

③ 空间中的设定物

空间中的设定物包括人工建筑和非人工建筑。

广场的人工建筑由两大功能主体构成，一是主体标志物，二是非主体标志物。主体标志物包括建筑物、纪念碑、雕塑以及水景等。主体标志物通过其形象向人们传达信息并使人们产生环境臆想，它的作用加上人们的感受与人们对历史文化的联想，使广场具有象征作用和标志作用，并产生社会意义。非主体标志物指广场中及广场周边的各种辅助设施和环境小品。

非人工设置物指绿地、古树名木等非人工制造、生产的广场环境中的要素。

（2）广场的空间围合

广场从严格意义上说可以围合成三维空间，即上、下、左、右、前、后6个面均存在界面的围合。但是一般广场的上面多为透空，故空间围合常常在二维层面上进行。

① 四面围合的广场

当广场规模较小时，四面围合的广场围合感极强，具有较强的内聚力。从空间形态上看，古典广场大多具有封闭性。这种四面围合的封闭性广场空间具有下列特点：广场周围的围合界面要有连续性和协调性，广场空间应具有良好的围合感，让人有安宁感，在广场空间中应易于组织主体建筑。

四角封闭使广场具有良好的封闭性。这种封闭性广场有别于格网型广场。在现代棋盘式城市结构中，格网型广场由于道路的贯通使四角形成缺口，从而削弱了广场的封闭性。

广场的空间围合与广场的空间尺度和界面高度有关，要求所围合的地面有合适的水平尺度。如果广场占地面积过大，与周围建筑的界面缺乏关联，就不能形成有形的空间体。许多设计失败的城市广场都是由于占地面积太大，周围建筑高度过小，从而造成围合界面与地面分离，难以形成封闭的空间。

空间的封闭感还与围合界面的连续性有关。从整体看，广场周围的建筑立面应该从属于广场空间。如果立面之间有太多的开口，立面剧烈变化或檐口线突变等，都会减弱广场空间的封闭感。当然，有些城市广场空间只能设计成部分封闭的形式，如大街一侧的凹入部分等。

② 三面围合的广场

当4个界面被去掉一个时，空间往往会出现一个开敞面，形成一种朝向某一景观的开敞空间，这种广场称为三面围合的广场。但这一开敞面仍以小品、栏杆等形成限定元素。三面围合的广场围合感较强，具有一定的方向性和向心性。

在三面围合的广场中，往往将主要建筑放在与开敞面相对应的位置上，将入口放在开敞面处。这样，人们由外部进入限定空间时，会首先欣赏主要建筑宏伟壮丽的景观；同样，由主要建筑向外望，又可以欣赏围合界面以外的景色。

③ 两面围合的广场

两面围合的广场空间限定性较弱，常常位于大型建筑与道路转角处，其空间有一定的流动性，可起到延伸城市空间和充当枢纽的作用。这种广场的围合方式常有平行布置竖向界面、L形布置竖向界面两种，前者的广场方向感、通行感强，后者的广场的相交处区域空间被限定向外，具有开放性。

④ 一面围合的广场

一面围合的广场封闭性很差，规模较大时可以考虑组织二次空间，如局部上升或下沉。

总体来说，四面和三面围合是最传统的，也是最常见的广场空间形式，对应的广场封闭感较强，有较强的领域感；两面和一面围合显得空间开放。我们在设计时应根据需要选择合适的广场空间形式或将多种广场空间形式结合起来使用。常见的广场围合形式有建筑物围合和非建筑物围合，建筑物围合是指借助楼群、柱廊对广场空间起强制限定作用。另外，广场的基面通过有高低差的特定地形或不同的地面铺装等，对广场空间也会起到围合作用。

（3）广场的空间尺度与界面高度

① 广场的空间尺度

广场设计中的围合、尺度、比例等关系是古典广场设计理论的核心，这些均是广场设计的基础理论之一，随着相关学科的发展，更将历久弥新。

a. 古典广场的平面及划分尺度

古典广场的领域感尺度上限是390米。在这一尺度内可以创造宏伟、深远的感觉；超出这一尺度就会超出人的视力范围。

人们通过对欧洲大量中世纪广场的尺寸的调查和视觉的测试得出：两人间距离一旦超出110米，仅凭肉眼会认不出对方是谁，只能大致辨出人形和动作，因此，110米被普遍认为是广场最佳空间尺寸。

对于空间层次划分问题，一般认为，在0.45~1.20米，人会感觉对方比较亲切。在此距离范围内，人们可以比较自由地交流。

b. 现代城市广场规模尺度探索

现代城市广场作为城市的公共活动空间，其重要的功能和作用已被社会广泛认可。从已经建成和正在修建的城市广场来看，现代城市广场的规模似乎越来越大。广场的规模即广场的大小，应从两个方面来考虑：首先要考虑广场的最小规模，即广场至少应该达到多大规模才能具备现代城市广场应该具备的内容和意义；其次要考虑广场的最大规模，即广场在达到多大规模后，再增大则会使其综合效益下降。

c. 广场的最小规模

从生态效益角度考虑，在区域范围内保持一个绿化环境，这对城市文化来说是极其重要的。从卫生学角度、保护环境的需要和防震防灾的要求出发，城市绿化覆盖面积应该大于市区面积的30%。科学研究测定：绿化面积只有大于0.05公顷才能对环境起积极作用，大于0.5公顷才能对环境起有效作用。从增加城市绿化面积、创造生态效益的角度出发，广场最小规模至少应该达到0.5公顷。

d. 广场的最大规模

广场的规模如果过于庞大，会让人觉得空旷、冷漠、不亲切。在《外部空间设计》一书中，作者芦原义信提出"十分之一"理论，即外部空间可以采用内部空间尺寸8~10倍的尺度。

e. 政策控制

2004年2月，建设部、发改委、国土资源部、财政部联合印发通知，要求对城市广场、道路建设规划进行规范，指出各地建设城市游憩集会广场的规模，原则上，小城市和镇不得超过1公顷，中等城市不得超过2公顷，大城市不得超过3公顷，人口规模在200万人以上的特大城市不得超过5公顷；在数量与布局上，其也要符合城市总体规划与人均绿地规范等要求；建设城市游憩集会广场要根据城市景观建设需要，保证有一定的绿地；拟建的城市游憩集会广场，不符合上述规定标准的，要修改设计，控制在规定标准内。

② 界面高度

当广场尺度一定（人的站立点与界面的距离一定）时，广场界面的高度将影响广场的围合感。

a. 当人与建筑物的水平距离（D）与建筑立面高度（H）的比值为1∶1时，水平视线与檐口夹角为45°，这时可以产生良好的封闭感。

b. 当人与建筑物的水平距离（D）与建筑立面高度（H）的比值为2∶1时，水平视线与檐口夹角约为27°，这是创造封闭性空间的极限。

c. 当人与建筑物的水平距离（D）与建筑立面高度（H）的比值为3∶1时，水平视线与檐口夹角约为18°，这时高于围合界面的后侧建筑物成为空间的一部分。

d. 当人与建筑物的水平距离（D）与建筑立面高度（H）的比值为4∶1时，水平视线与檐口夹角约为14°，这时空间的围合感消失，空间周围的建筑立面如同平面的边缘，起不到围合作用。

除此之外，引入城市的丘陵绿地是另一种类型的城市空间，与广场不同，其空间尺度是由树木、灌木以及地面材料所决定的，而不是由长和宽等几何性指标所限定的，其外观是自然赋予的特性，具有与建筑物相互补充的作用。

因此，根据上述理论，广场宽度的最小值等于主要建筑物的高度，最大不得超过其高度的2倍，建筑物与视点的距离（D）和建筑立面高度（H）的比值在1~2是最佳的。

（4）广场的空间序列

城市空间如同建筑空间一样，可能是封闭的独立性空间，也可能是与其他空间相联系的空间群。一般情况下，人们体验城市空间时，往往是由街道到广场或从广场的一个空间到另一个空间，人们只有从一个空间到另一个空间，才能欣赏它、感受它。广场空间是由道路、界面、空间区域、标志性节点等共同构成的，它们组成了有趣的广场空间序列。

① 道路的引导作用

道路是供车辆及行人通行的基础设施，包括引导人们进入广场的街道和进入广场内部各功能区进行活动的道路，它是组成广场空间的基本要素，其他有关要素都沿着它布局，并通过它来实现功能。

道路对于广场的空间特征有决定性作用，广场的围合空间特征，会极大地影响广场艺术效果的表现。古典广场的例子表明古人细心地避免广场边缘上由道路造成的缺口，以使主要建筑物前的广场能够保持很好的封闭效果，设计者力图使广场的每一个角落只有一条路进入，如果必须有第二条路，则将其设计成终止于距广场一段距离以外。现代的一种做法是让两条构成直角的道路在广场的旁边汇合，这种做法造成广场封闭感的消失，破坏了广场的连续性。

人们在广场中运动时所产生的感受的连续性都是从道路引导的空间性质和形式中派生出来的，道路系统在广场设计中是作为支配性的组织力量而存在的。如果设计者在设计中建立的一条路径能成为许多人实际的运动路线，并和与此相毗连的范围的设计相适应，使人在广场空间中沿着这条路径的运动产生持续的和谐感，那么这个广场设计就是成功的。

② 界面的限定作用

广场通过界面限定并引导序列空间的展开。

广场界面起着联系广场与周边建筑、限定广场空间区域的重要作用。例如，由著名建筑设计师贝聿铭承担设计的波士顿市政厅广场便充分利用边界，与周边建筑相结合。广场地面丰富的拼铺图案，一直从市政厅内部铺装至广场，将室内外空间连为一体。广场以台阶与外部大街连接，加强了广场与城市空间的渗透性，增加了空间的层次，形成了迷人的广场界面。

欧洲古典广场在利用界面上做得很好：通向广场的道路尽可能避免城市广场结构过于开敞，纪念物与建筑物沿着边缘布置，与周边建筑交相辉映，形成既有围合、又序列明确的动人景象。

界面形成的空间区域具有两向尺度，使观察者有"进入内部"和"走出内部"的感觉。广场内部的任何空间区域都不是相互孤立的，它们共同形成有机的空间序列，从而加强广场的整体联系与吸引力。

③ 标志性节点的引导作用

标志性节点为广场空间的点状元素，如建筑物、纪念物、标志等。标志性节点是广场空间的重要元素，影响着广场的艺术特质和空间品质，并以它特殊的形态、位置辅助道路以及空间界面形成良好的广场空间序列。

道路、界面以及界面形成的空间区域、标志性节点等构成了广场空间序列，一般良好的空间序列可划分为前导、发展、高潮和结尾等几个部分，人们在这种序列空间中可以感受到空间的收放、对比、连续、烘托等，有活力的城市广场空间还要与周围的空间有连续性。广场整体景观不应是一种静态的情景，而应具有一种空间意识的连续感。广场空间总是与周围其他空间、道路、建筑等相连接，这些元素是广场空间的延伸与连续，并且与广场空间不可分割。这种有机的空间序列，增强了广场的作用力与吸引力，并以此衬托与突出广场，这就要求在城市广场设计中，将建筑、道路和广场进行一体化设计。

2. 城市广场的主体元素设计

广场是"城市客厅"，所以从人的需求和使用角度考虑，广场的设计主体元素是基面和"家具"。基面的设计重点是景观地面铺装；家具对应广场职能所确定的景观构筑，包括雕塑、水景、绿景及设施小品。

（1）景观地面铺装设计方法与技巧

景观铺装设计在营造空间的整体形象上具有极为重要的作用。在进行景观地面铺装时，应该掌握一些必要的方法与技巧，使之既富有艺术性，又能满足生态要求，同时更加人性化，给人以美好的感受，以达到最佳的效果。

铺装设计

景观地面铺装形式多样，但主要通过色彩、图案纹样、质感、尺度和铺装材料5个要素的组合变化来表现。

① 色彩

色彩具有鲜明的个性，暖色使人感到热烈、兴奋，冷色使人感到冷静、明快，明亮的色彩使人感到轻松愉快。

在景观地面铺装设计中，色彩最引人注目，给人的感受也最为深刻。色彩的作用多种多样。色彩赋予环境氛围特点：冷色创造了一个宁静的环境，暖色则创造了一个喧闹的环境。色彩能引发特殊的心理联想，久而久之，人们几乎固化了色彩的专有表达方式，逐渐建立了各种色彩的象征意义。因此，了解色彩构成的知识有助于创造出符合人们心理期待的、在情调上有特色的景观地面铺装。

景观地面铺装一般作为空间的背景，除特殊情况外，很少成为主景，所以其色彩常以中性色为基调，尽量与周围的环境相协调。设计时应注意色相、纯度和明度的相互作用，做到稳定而不沉闷，鲜艳而不俗气。

色彩丰富又协调的地坪，与设施小品相得益彰

马赛克拼装图案，色彩明快、令人愉悦

暗色调的景观地面铺装

② 图案纹样

景观地面铺装以多种多样的形态、纹样来衬托和美化环境，增加景观的特色。纹样起着装饰路面的作用，铺地纹样通常会用到平面的点、线、面构成原理，根据场所的不同而变化，以表现各种不同的效果。

一些用块料铺成直线的路面，可达到增强地面设计的效果。通常，与视线相垂直的直线可以增强空间的方向感，而那些与视线平行的直线则会增强空间的开阔感。另外，一些呈直线铺装的地砖，会使地面产生伸长或缩短的透视效果，其他一些形式则会产生更强烈的静态感。

由点构成的图案纹样

通过线与形的变化来丰富空间的特质

卵石地坪搭配嵌草形成的图案化景观

③ 质感

质感是通过视觉或触觉对物品表面特征产生的审美感受。铺装的美，在很大程度上取决于材料质感的美。材料质感的组合在实际运用中表现为以下3种方式。

a. 同一质感的组合可以采用对缝、拼角、压线手法，通过肌理的横直、纹理设置、纹理的走向、肌理的微差、凹凸变化来实现组合构成关系。

b. 相似质感材料的组合在环境效果的营造上起到中介和过渡作用。如用地被植物、石子、沙子、混凝土铺装地面时，使用同一材料比使用多种材料更容易达到整洁和统一的效果，在质感上也更容易调和。而用混凝土与大理石、鹅卵石等组成大块整齐的地纹，由于材料质地纹样的相似而显得统一协调。

c. 对比质感的组合，会产生不同的空间效果，也是增加质感美的有效方法。利用不同质感的材料进行组合，其产生的对比效果会使铺装显得生动活泼，尤其是自然材料与人工材料的搭配，能使人造景观体现出自然感。

在进行铺装时，要考虑空间的大小，大空间要粗犷些，可选用粗大、厚实、线条明显的材料。因为粗糙，往往使人感到稳重、沉着。另外，粗糙的表面可吸收光线，不晃眼。小空间则应选择较细小、圆滑、精细的材料，细质的设计给人以轻巧、精致的感觉。所以

由砖瓦石组成的"花街铺地"统一协调

通过肌理的横直实现的构成关系铺装

融入草地的铺装

大面积的铺装可选用粗质感的材料，局部、重点处的铺装可选用细质感的材料。

④ 尺寸

铺装图案的尺寸对外部空间能产生一定的影响：较大、较舒展的形状会使空间产生一种宽敞感；而较小、紧缩的形状，则使空间具有压缩感和亲密感。铺装图案由于尺寸不同以及采用了与周围不同色彩、质感的材料，还会影响空间的比例关系，可构造出与环境相协调的布局。铺装材料的尺寸也影响其使用场景，通常大尺寸的花岗岩板材、抛光砖等适合大空间，而中、小尺寸的地砖和小尺寸的陶瓷锦砖（马赛克）、卵石等，更适用于一些中、小型空间。

但就形式而言，尺寸的大与小在美感的营造上并没有多大的区别，尺寸并非越大越好，有时小尺寸材料铺装形成的肌理效果或拼缝图案往往能产生更多的形式趣味，或者利用小尺寸的铺装材料组合成的大图案，也可与大空间在比例上相协调，产生优美的肌理。

⑤ 铺装材料

铺装材料的选择是景观设计的重要环节，其要点如下。

a. 铺装材料的选择要注重生态性

大面积的地面铺装会带来地表温度的升高，造成土壤排水、通风不良，对花草树木的生长也不利，而且还会导致一个重大缺陷，即人为地割裂了生态的竖向循环，从而影响雨水的循环，蚯蚓、地鼠等小生物的正常生活等。因此，设计者除采用嵌草铺地外，还要注

简洁明快的广场铺设，以不同色泽的露骨料地面搭配碎瓷片，形成的图案宛若花朵盛开

意多应用透水、透气的环保铺地材料，如生态透水砖；同时也要多采用矿渣料、陶瓷料、玻璃料等多种再生原料以及经特殊工艺预制而成的再利用环保型材料。另外，在实际铺装景观设计的过程中应当注意适当留缝、铺沙或镶嵌绿草等，融入自然元素，进行透水透气性路面铺装，使城市土壤能够与水、气进行热交换，改善体系。

b. 铺装材料的选择要注重装饰性和实用性

中国自古对园路铺装就很讲究，《园冶》中"花环窄路偏宜石，堂回空庭须用砖"说的就是园路铺装的原则。景观地面铺装中有许多经典的案例可供借鉴，如用碎瓷砖拼砌铺地，用混凝土砖石与卵石铺地，用透水砖铺地，以及用各种条纹的混凝土砖铺地等，这些铺装材料在阳光的照射下，能产生很好的光影效果，不仅具有很好的装饰性，还降低了路面的反光强度，提高了路面的抗滑性能，达到人性化和美学等方面的要求。

c. 铺装材料的选择要注重对意境、氛围的营造

中国园林景观的创作追求诗情画意的境界，客观的自然境域与人的主观情感相互激发、相互交融，达到情与景的统一时，会产生景观意境。意境寄于物而又超于物，给感受者以余味或遐想。设计者要发挥艺术想象力，正确选择铺装材料，通过引发观者联想的方式来表达城市景观的意境和主题，烘托景区气氛。传统园林景观地面铺装多利用砖瓦、石片、卵石和各种碎瓷片、碎陶片等材料，如砖、瓦、石铺地在古典园林中用得较多，俗称"花街铺地"；还有根据材料的特点和规格进行的各种艺术组合，常见的有用砖和碎石组合的"八方式"，用砖和鹅卵石组合的"六方式"，用瓦材和鹅卵石组合的"球门式"，以及用砖瓦、鹅卵石和碎石组合的"梅花式"等。不可否认，传统园林景观整体空间的自然协调感在一定程度上得益于自然铺地材料的应用。

（2）景观构筑

城市广场上的景观构筑元素包括雕塑、水景、绿景及设施小品，不同于其他场所环境的是，这些景观构筑元素在设计上注重标志性、文化性和受众性。

① 雕塑设计方法与技巧

城市广场最突出的职能之一就是作为城市的标志从而体现城市的风貌。雕塑是城市广场景观设计元素之一，可以形成广场的主要景观。在城市广场设计中，雕塑作为主要的景观构筑元素，其设计方法与技巧应得到关注。

雕塑设计

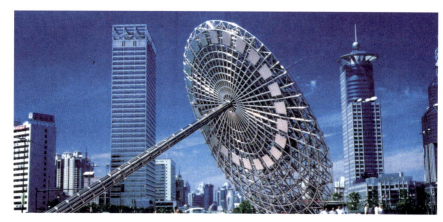

上海世纪广场上的大型金属日晷雕塑

a. 认识雕塑

具象雕塑在园林雕塑中应用较为广泛。早在汉代，建章宫的太液池畔就放有石鱼、石牛及织女等雕塑。具象雕塑是一种以写实和再现客观对象为主的雕塑，是一种容易被人们接受和理解的艺术形式。

以假乱真的人物雕塑

日常生活中的小物件也是艺术家灵感的源泉

抽象雕塑也是一种应用广泛的雕塑形式。抽象的手法之一是对客观形体加以主观概括、简化或强化；另一种抽象手法是几何形的抽象，对点、线、面、体块等抽象符号加以组合。抽象雕塑比具象雕塑更含蓄、更概括，它具有强烈的视觉冲击力和现代感。

抽象雕塑在色彩与造型上体现连续性与"双重上升"效果　　无底座的抽象金属雕塑

纪念雕塑是以雕塑的形象为主体，一般在环境中处于中心或主导的位置，起到控制和统领全部环境要素的作用。因此，所有的环境要素和平面布局都必须服从于纪念雕塑的总立意。

井冈山纪念雕塑　　　　　　　　　　　　　　淞沪抗战纪念公园雕塑警示钟

主题雕塑与环境有机结合，能弥补环境表意功能的不足，达到表达鲜明的环境特征和主题的目的。

装饰性雕塑不仅要求有鲜明的主题思想，而且强调环境中的视觉美感，要求给人以美的享受和情操的陶冶并符合环境自身的特点，成为环境的有机组成部分。

b. 设计雕塑

雕塑是标志，也是赋予环境以生气的点缀品。雕塑应以城市中人们喜闻乐见的题材为宜，尺度适宜，要有人情味。这里所说的人情味就是雕塑设计应考虑其文化性和受众性。

雕塑设计的要点包括考虑环境因素、视线距离、空间尺度及色彩。

　　雕塑的材料应能耐久，石料、金属材料、混凝土、陶瓷材料、环氧树脂都可用于雕塑。雕塑也可作为喷泉的组成部分，与水景相配合，可产生虚实相生、动静对比的效果；雕塑与绿化相配合，可产生质感对比和色彩的明暗对比效果，形成优美的环境景观。

韩国汉城庭园中的装饰性雕塑

瑞士洛桑奥林匹克公园中的装饰性雕塑

现代抽象金属雕塑活跃和丰富了水池景观，营造出富有生机的美感

日本九州市产业医科大学校园庭园石雕"行走的石头"

　　② 水景设计方法与技巧

　　城市中的水景大致划分为两类：一类是以江河湖海等自然水资源为背景的人文环境；另一类是以水为主体的人工构筑物，包括各种水态、水姿的组合，水与雕塑、水与环境的组合以及池、塘、溪流、植物的搭配。

　　水景的发展有着悠久的历史，东西方传统的理水艺术理论也各成体系。随着城市规模的扩大与城市空间构筑方式的多元化，水景的应用已脱离了原有的樊篱，从传统的应用形式演变成城市空间中不可或缺的造景元素，融入了更多的城市特征。它的发展与演变体现了城市的时代特征以及个性。就水在城市景观设计中的作用及功能来说，水景可以分为装饰水景、休闲水景和庭园水景。

水景设计

　　a. 装饰水景

　　装饰水景的应用形式主要有水池、落水和喷泉。

　　水池包括倒影池、浅水池、种植池、养鱼池等，通过平静的水面来衬托构筑物，可增加空间感与幽深感。城市中心地带以硬质铺装为主的地方，一般会采用规则式水池，其中最为常见的是浅水池。

英国西约克郡19世纪维多利亚式庭园中的规则式水池

法国驻阿曼大使馆中庭浅水池，内壁采用黑色瓷砖铺筑，以营造幽深感和较好的倒影效果

落水包括城市中常见的山石瀑布、斜坡瀑布、水帘、溢水池、水帘亭、叠水等。

日本神户港街头斜坡瀑布

水帘亭加叠水景观

喷泉包括音乐喷泉、程控喷泉、雕塑喷泉、造型喷泉、喷雾喷泉等。

装饰水景的特点及设计应用实例如下。

德国某公园内的大型不锈钢雕塑水景，以现代的视角，给人以丰富的联想

装饰水景除了可以美化环境，还能突出建筑的特点，是柔性地面铺装的重要组成部分。明镜般的浅水池中的倒影与铺装融为一体，装饰效果极佳。浅水池像镜子一般再现了建筑的立面形象，与地面铺装相结合，形成了实与虚的对比关系，不但突出了建筑的特点，还成为地面景观构图元素

音乐喷泉是广场景观中应用较多的一种，多通过声、光、影、形等艺术手段，与其他景观组成整体图案，成为空间环境中的焦点景观，从而丰富空间层次，给人们带来心灵与情绪上的享受

呈几何图形的水体装饰效果与现代建筑简约的风格统一协调。装饰水景强调公共空间中水与其他景观元素的结合，尤其是对城市建筑环境起着统一、补充、强调、美化以及丰富景观内容的作用。装饰水景应当与其周边环境密切相关，设计时应作为整体空间的一部分而综合考虑

b. 休闲水景

休闲水景不同于装饰水景，它强调人与水的互动性，着重建立起一种亲水环境，激发人们对水全方位的感受，即想方设法通过设计缩短人与水之间的距离，所以一般不强调明显的边界，多采用下沉式的浅水池或旱水池造景，通过突出水的趣味性，加上充满情趣或者富有挑战性的构筑物来激发人的参与意愿，营造出娱乐气氛。

将水景运用于居住区娱乐游戏场所是非常理想的选择，在夏季漫长、气候炎热的地区更是如此。如果水景或喷水形式能被游戏者自己调节或控制，游玩者的体验会更好。

休闲水景设计强调亲水性，休闲水景由于有人的参与，所以对水质以及喷水的压力要

居住区中的儿童戏水池采用各种低压喷水形式，既激发了儿童的亲水心理，又保证了儿童的安全

某住宅区游乐园中的河道式泳池，打破传统泳池的规则，空间富有变化

求较为严格。如果被运用于儿童戏水池中，池中的所有喷头，都应该采用相对较低的压力，以防止儿童将脸直接迎向水流时，水流的压力伤及他们的眼睛除此以外，水池应该非常浅，并且底部应采用防滑措施。

休闲水景的应用形式有自然式的湖泊、儿童戏水池、涉水池、各类游泳池、冲浪池以及游戏喷泉等。

c. 庭园水景

庭园水景与人的居住环境联系最为密切，既有装饰作用，又有一定的休闲性质，在私人住宅庭园中具有一定的私密性与独享性。其设计形式各具特点，风格多样，情趣各异，如日式风格的蹲踞和逐鹿就有别样的情趣与意境。

我们应当认识到，水景必须是生态的、环保的、节水的，与可持续发展战略相符，同时匹配人的生活方式和休闲方式。

在现代庭院中，虽然蹲踞已失去了其实用的功能，却能成为引人入胜的焦点

日本传统庭院中的逐鹿，已成为有着独特风格的景观小品

③ 绿景设计方法与技巧

植物种植包括规则式种植与自然式种植两种。规则式种植是选枝叶茂密、树形美观、规格一致的品种，配置成整齐对称的几何图形。而自然式种植多是选树形较为美观或奇特的品种，以不规则的株行距配置成各种形式。

城市广场景观中的绿景，由于受场地规范与限定因素的制约，多以规则式布局为主，具体的应用形式为花坛景观和草坪景观。

绿景设计（1）

a. 花坛景观

花坛最初的含义是在具有几何形轮廓的植床内，种植各种不同色彩的花卉，运用花卉的群体效果来体现图案纹样，供人们观赏盛花时绚丽景观的一种花卉应用形式，它通过突出鲜艳的色彩或精美华丽的纹样来体现其装饰效果。

绿景设计（2）

现代花坛式样极为丰富，某些设计形式已远远超过了花坛最初的含义。目前花坛根据种植的植物不同，可以分为盛花花坛和模纹花坛两种；根据所处的空间位置，又可以分为平面花坛、斜面花坛及主体花坛。而花坛元素通过各种组合与搭配就形成了花坛景观。花坛的应用形式有盛花花坛、模纹花坛、毛毡花坛、浮雕花坛、彩结花坛、盛花模纹花坛几种。

花坛在环境中可作为主景，也可作为配景，其具体设计方法与技巧如下。

· 形式与色彩的多样性决定了它在设计上也有多样性。

· 花坛首先应在风格、体量、形状诸方面与周围环境相协调，其次才表现自身的特色。

· 花坛的体量、大小应与花坛所在的广场出入口及周围建筑的高低成比例。花坛的面积一般不应超过广场面积的1/3，不应小于广场面积的1/5，出入口设置的花坛以既美观又不妨碍游人行走路线为原则，在高度上不可遮住出入口。

· 花坛的外部轮廓应与建筑边线、相邻的道路和广场的形状协调一致。

· 花坛要求经常保持鲜艳的色彩和整齐的轮廓。因此，花卉多选用植株低矮、生长整齐、花期集中、株丛紧密且花色艳丽（叶形和叶色美丽）的种类。

盛花花坛也叫花丛式花坛，主要由观花草本植物组成，表现花朵盛开时群体的色彩美或绚丽的图案景观，可由同一花卉的不同品种或不同花色的多种花卉组成

模纹花坛主要由低矮的观叶植物或花、叶兼美的植物组成，表现群体组成的精美图案或装饰纹样

毛毡花坛是由各种观叶植物组成的，植物被修剪成同一高度，因而毛毡花坛表面平整，宛如华丽的地毯

浮雕花坛的特点是花坛纹样变化。其中植物高度不同，部分纹样凸起或凹陷，凸起的纹样多由常绿小灌木组成，凹陷面多栽植低矮的草本植物；或将同种植物修剪成不同高度，使其呈现凸凹感，整体具有浮雕的效果

彩结花坛内的纹样模仿绸带编成的绳结式样，图案的线条粗细一致，并以草坪、砾石或卵石为底

盛花模纹花坛是现代花坛中两种常见类型相结合的花坛形式，如在规则或几何形植床之中，中间为盛花式，边缘为模纹式；或在主体花坛中，中间为模纹式，基部为水平的盛花式等

b. 草坪景观

草坪景观是草坪或草坪与其他观赏植物相互组合所形成的自然景色。草坪景观因所用植物不同而产生不同的观赏效果和情趣，同时与四周的景物也有密切的关系，所以草坪景观的形成不是孤立的。

以草坪为主要元素的广场景观

缀花草坪景观

草坪景观由于设计意图不同而有不同类型的组合。花卉与草坪结合，形成缀花草坪或开花草坪；疏林与草坪结合，形成疏林草地，满足人们游息的需求；也可人工模仿草原，将乔木、灌木、草花、草坪结合，形成野趣草坪。

④ 设施小品设计方法与技巧

设施小品作为城市景观的组成部分，已成为城市景观不可缺少的整体化要素，在城市景观中占有举足轻重的地位。设施小品作为一种物质财富满足了人们的生活要求，作为一种艺术的综合体又满足了人们精神上的需要，通过自身形象反映一定地域的审美情趣和文化内涵。设施小品在环境空间中，除自身的使用功能外，一方面也可作为被观赏的对象，另一方面又作为人们观赏景色的一部分，通过与城市景观的有机结合，形成令人赏心悦目、丰富的环境。

以城市广场为学习情境，城市景观中主要的设施小品包括景墙、花架、亭和柱廊、夜景照明、座椅、信息标志、垃圾箱、电话亭等。

a. 景墙

在现代城市景观中，景墙的主要作用就是造景，不仅通过其优美的造型来表现，更重要的是从其在景观空间中的构成和组合中体现出来。景墙可使景观空间变化丰富且有序，层次分明。

景墙设计

柱列化景墙，可划分空间效果

形成景墙效果的单体构筑

悬挑花台景墙。石块的堆叠可形成虚实、高低、前后、深浅等变化，各不相同的分层与分格的墙面效果形成的空间序列层次感也比满墙平铺的更为强烈，墙上可结合绿化预留种植穴池或悬挑花台

立体景墙，用白粉墙衬托山石、花卉，犹如在白纸上绘制山水写意图，意境颇佳

浮雕景墙。当需要景墙具有极强的装饰效果时，可对其进行特殊的壁表装饰；对壁表进行平面艺术处理，壁表就如壁画；对壁表进行雕塑艺术处理，壁表就如浮雕

b. 花架

花架，顾名思义是指供植物生长攀援的棚架。通透的构架形式，以及植物的攀绕和悬挂，使得花架较其他的小品形式显得更通透灵动、富有生气。花架有多种形式，如单排花架、单柱式花架、圆形花架等。

钢式拱门花架，其花廊、甬道上常采用半圆拱顶或门式刚架。人行于绿色的拱顶之下，别有一番意味。临水的花架，不但平面可设计成流畅的曲线，立面也可与水波相呼应，设计成拱形或波折式，部分有顶、部分化顶为棚，投影于地，效果更佳

花架形成的休憩空间

单排花架，仍然保持廊的造园特征，它在组织空间和疏导人流方面与廊具有同样的作用，但在造型上却轻盈、自由得多

单柱式花架，又分为单柱双边悬挑花架、单柱单边悬挑花架，很像一座亭子，只不过顶盖是由攀援植物的叶与蔓组成的，支撑结构仅为一个立柱

圆形花架，在平面上由数量不等的立柱围合成圆形，枋从棚架中心向外放射，形式舒展新颖，别具风韵

c. 亭和柱廊

亭是我国传统园林建筑中常见的一种形式，可供人休息、遮阴、避雨，个别属于纪念性建筑和标志性建筑。

采用钢、混凝土、玻璃等新材料和新技术建亭，为建筑创作提供了更多、更方便的条件。因此，亭在造型上更为活泼自由，形式更为多样。

柱廊具有引导人流、引导视线、连接景观节点和供人休息的功能，其造型和长度也形成了有韵律感的连续景观效果。柱廊与景墙、花墙相结合，可增加其观赏价值和文化内涵。柱廊在布局上更多地考虑与周围环境的有机结合；在使用功能上除满足人休息、观景和点景的要求外，还应满足其他多种需要，如对空间进行划分与限定。

四角亭

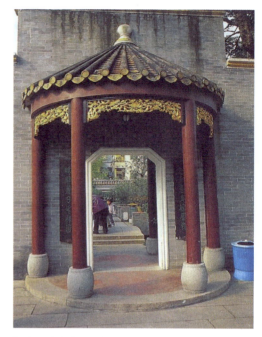

起引导及标志作用的亭

别具风格的亭

膜结构亭

d. 夜景照明

随着我国经济的持续发展和人们物质生活水平的提高，人们对于居住的城市的环境要求越来越高。"白天需要绿色，晚上需要灯光"，尤其是城市夜晚的景观灯光，已成为城市景观中一个重要的组成部分。早期的简单照明正在演变为城市夜晚的景观照明。这就是说，城市灯光正在从照明向着营造多姿多彩的动态效果演变，亮丽的灯光已成为城市夜晚的一道靓丽的风景线。

道路灯具可分成两类：一是功能性道路灯具，二是装饰性道路灯具。功能性道路灯具具有良好的配光，发出的大部分光能比较均匀地投射在道路上。装饰性道路灯具主要安装在园内主要建筑物前

景观柱廊

与道路广场上，造型讲究，风格与周围建筑物相称，这种道路灯具不强调配光，主要以外表的造型艺术来美化环境。

景观装饰灯

照明灯具由于要经受日晒、雨淋、风吹等，必须具备防晒、防水、防喷、防滴等性能，其电器部分应该防潮，外壳表面的处理要求比较高。照明灯具在城市景观中是一种引人注目的设施小品，白天可利用不同造型点缀庭园、组织景色，夜晚则可利用灯光提供安全的照明环境。

根据装饰性照明灯具的不同设置方式和照明目的，我们可将夜景照明分成两类：第一类是隐蔽照明，广泛用于景观小品中；第二类是表露照明，或独立放置，或群体列置，其目的不在于提供多高的照度和亮度，而在于创造某种特定的气氛，形成夜晚独特的灯光景观，如放置在草坪中的灯具，一般都比较矮，而且外形尽可能艺术化，有的像大理石雕塑，有的像小亭子。

隐蔽照明

表露照明

e. 座椅

座椅在城市环境中是最常见、最基本的"家具"。设置座椅的地方，很自然成为吸引人前往、逗留、会聚的场所。座位的数量越多，则场所的公共性越强，因此它可以适应多种环境的需要；反过来，各种环境的特点又要求座椅采用相应的材料、造型及与其他环境设施相协调的形式。供人观赏、休息、谈话和思考是座椅同时兼具的服务内容。座椅所在的环境以及使用人的主要需求，决定了它的安设位置、数量、造型特点等方面的设计原则。

座椅色彩和造型在同一环境中宜统一协调、自成系统、符合环境特点、富于个性；座椅材料的选择除与环境特点（环境性质、背景和铺地特点）相关外，还要考虑使用频率（一人一次占用时间）。使用频率低（占用时间短、使用人少）者可选用水泥石材，使用频率高者应选用木材。座椅的设计应用实例如下。

法国的木制座椅，比较适合人们交流。谈话场所如果需要具有一定私密性，应该与人行道及公共小广场的距离较远，座椅以供2～3人就座为宜，且需独立分散设置

街头有靠背的座椅，适合人们休息和思考。可供思考的场所周围的环境需要保持安静，座椅以供1～2人坐为宜，造型应小巧、简单

休憩人的观赏随机性强，无论是公共场所还是私密场所，都要求为观赏提供条件。观赏对象可能是景物，也可能是人，但需避免视线进入私密性场所（如个人住宅等）。图为某住宅小区内的花岗石面的座椅，色彩稳重，造型简洁

休息场所通常与人行道关系密切，座椅的设置应与行人接近，以方便行人就座，并尽量设置在相对安静的角落，提供观赏的条件。图为日本东京设计的新颖的座椅，其成为城市的一种景观

休息场所的座椅布局集中、数量较多、造型自由，可与树木、花坛、亭廊等结合，也可与喷泉、雕塑周围的护柱相协调。图为圆柱形花岗岩坐凳，其同时起着路障与照明灯具的作用

座椅附近应配置烟灰皿、垃圾箱、饮水器等服务设施。图为体现现代画派风格的广场座椅，其与垃圾箱巧妙地搭配在一起

f. 标志

多数标志的设置是以提供街道方位、名称等内容为主要目的的。标志的设置方式有独立式、墙面固定式、地面固定式、悬挂式。

标志有两大类，即诸如导向板、路标、标志牌等传递信息的标志和桥、建筑、雕塑、树木等构成城市标志性景观的标志。这些标志传递信息的方式有多种，诸如利用文字、图形（符号）、色彩的视觉传递方式，利用音响的听觉传递方式，利用立体文字的触觉传递方式，以及利用香气等气味的嗅觉传递方式。人们主要根据地区用地的总体建设规划来决定标志的形式、色彩、风格、配置，从而制作出美观、实用的标志，辅助营造优美环境。

考虑到制作材料的耐久性，标志主件常选用花岗岩类天然岩石、不锈钢、铝、钛、红杉类坚固耐用的木材、瓷砖、丙烯板等；构件除选择与主件相同的材料外，一般选用混凝土、钢材、砖材等。

标志的规划设计要点如下。

• 对于区域性标志的规划设计，应当在决定配置标志牌前，利用不同的建筑造型与色彩、行道树、地面铺装材料，并通过设置标志性树木、大门等，使建筑等本身具备一定标志功能。

• 标志的色彩、造型设计应充分考虑其所在地区、建筑和环境景观的需要。同时，选择符合其功能并醒目的尺寸、形式、色彩。色彩的选择思路是：先确定标志的主题色，再将背景颜色统一，应通过主题色和背景颜色的搭配，突出标志的功能。

• 传递的信息要简明扼要。

• 配置与设置标志时，所选位置既要醒目，又要不妨碍车辆、行人往来通行。

• 结构应坚固耐用。

• 标志所配备的照明有两大类：照明灯具安装在标志内的内藏式和外部集中照明方式。外部集中照明方式较适用于有树木的地方。

系列路标通过相同的色彩、质地以及标志性的艺术设计，获得很好的统一性

广场信息板，信息展示量大，效果突出

的士上下车站的标志，色彩稳重，具　区域导向牌
有良好的可识别性

g. 垃圾桶

垃圾桶是城市环境中必备的设施，设置在恰好有垃圾投入需求的地点（例如公交车站、坐憩区、自动售货机旁和冰激凌车停放处）。为了避免垃圾桶过于突出，可以将其和其他设施（如座椅、护柱和灯柱等）组合在一起，并安置在某些体积较大的物体之上，例如安置在墙、柱以及栏栅上。

卡通造型的垃圾桶能吸引儿童们自觉投入废物

垃圾桶的盖子设计应根据预计清理的次数而定。如每天清理一次，则垃圾箱可做成无盖的；不用经常清理或不用于收纳易腐烂物品和招引蝇类的垃圾箱，应采用有铰链的盖子。

园路旁的金属垃圾桶，造型　用金属与混凝土制作的垃圾桶　与座椅相结合的垃圾桶，突出方便的理念
简洁明快

h. 电话亭

电话亭首先要注重使用效果，即符合使用者需求，全套设施完好正常，可经受高频率使用，保证通话具有私密性，免受外界噪声干扰，并具备抗风雨的能力。在城市环境中，电话亭并无组织景观的作用，因此作为景观的从属物，在造型方面要与环境特点相协调，做到容易被使用者发现，又不过分夺目。

电话亭就其封闭性能而言，可分为隔音式（四周封闭的盒子间）、半封闭式（不设隔音门的盒子间）和半露天式（固定在支座或墙柱上的半盒子间）。电话亭按设置电话机的台数可分为独立设置、两间并列、多间集中3种。决定电话亭形式和数量的是不同的对外公共性质的环境（如人流量较大的展览中心、广场、街道等）和人的使用频率。例如，在商业街和公园，为防止外界干扰，需设隔音式电话亭，而在街头则可设便捷的半露天式电话亭。

法国街头无框格玻璃电话亭，颇具现代感

荷兰有框格玻璃电话亭，线条清晰，色彩明快，四面的采光条件较好

设计阶段任务小结

设计阶段的主要任务是对城市广场空间整体设计有足够的认知，此阶段注重对学习者创意思维的延展训练，要求学习者在掌握城市景观设计原则的基础上，能够对城市广场空间景观元素进行单体设计。

任务与实践

假设某矩形场地的长宽比为2：1，在以"奋斗"为主题对该场地进行平面创意构图设计的基础上对该场地进行空间设计。设计内容包括空间的类型和景观形式。

任务实践参考表格　　　　　　扩展知识　　　　　　　课后实践

任务四　文本编制阶段

文本编制阶段任务　完成城市广场景观设计的图、文编制。

目标与要求　掌握城市景观设计的视觉表现技法及制图程序。

案例与分析　在城市景观设计中，如何表达景观设计的内容，以及如何对景观设计表达的内容进行组织和表现，成为文本编制阶段需要解决的主要问题。

经过准备、策划、设计各阶段，我们对以城市广场为学习情境的城市景观设计的内容及构图与创意有所掌握，但设计不是停留在头脑中的影像，它不仅需要用图文进行表达，还需要经历一系列专业制图细化和编排的过程。这个过程的序列化，有利于设计图的组织与交流的过程更加高效，这就需要我们掌握城市景观设计的视觉表现技法及制图程序。

知识与技能

1. 城市景观设计的视觉表现

一切可以用于视觉传递的图形学技术，都可以作为专业设计的表现技法。

城市景观设计首先可以通过手绘来表现。手绘的技巧性较强，其对艺术素养的要求较高。设计者可对景观设计资料进行收集与整理，用专业绘画的手段，初步了解专业的概况，然后通过绘制透视效果图验证自己的设计构思，从专业绘画的角度，加深对空间整体概念及色彩搭配的理解。此外，设计者可以把手绘表现技法中有关空间景深塑造、整体色调把握、光影投射质感表现的技能应用到计算机制图中。

综上所述，城市景观设计的视觉表现可以通过手绘表现技法完成，也可通过计算机制图完成。现阶段主要以透视效果图作为城市景观设计的视觉表现。此外，也可以通过平面图及立面图进行视觉表现。

（1）手绘平面效果图

 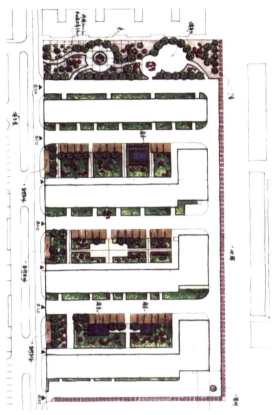

手绘渲染居住区景观平面图　　　　　　　　　　手绘渲染居住区景观设计平面图

（2）手绘立面效果图

手绘渲染立面效果图1

手绘渲染立面效果图2

（3）手绘透视效果图

手绘广场透视效果图

手绘居住区游园透视效果图

手绘道路透视效果图

手绘街景透视效果图

在现阶段，计算机制图是专业设计表现技法不可或缺的重要组成部分。计算机制图是指以计算机为辅助工具，根据具体要求，并采用不同的系统软件，制作施工图或表现图等。

计算机制作的平面效果图

计算机制作的剖立面效果图

目前，用于制图的系统软件包括制作施工图的AutoCAD、制作表现图的3ds Max、Photoshop等。鉴于计算机及其系统软件的飞速，计算机辅助设计系统的使用必将越来越方便，但在设计思维、设计理念以及创造力的培养方面，计算机制图永远不可能替代具有情感和思想的人工手绘。特别是在实际工程设计的创意阶段，设计者一般更多地是使用手绘而不是计算机制图，因为手绘可以帮助设计者更加灵活和富有激情地展开想象。

2. 城市景观设计的制图程序

制图程序是指在城市景观工程设计中所通用的一般步骤，这里我们将从实用的角度出发，尽可能简洁明了地分析程序中可能面临的问题。

计算机制作的透视效果图

（1）概念图

所谓概念图并非某种特定的设计图，而是指在城市景观工程设计的初始阶段，对于所要进行的工程项目，进行全方位的分析和论证（如对各功能区域的选择、尺度关系等方面进行的思考、分析和研究），最终得出结论以便在以后的设计中将其具体化而形成的图。概念图是整个城市景观工程设计的开始，同时也是一个关键阶段，是一个需要实地考察，并结合具体条件及要求进行分析研究、多方论证的过程。在概念图的绘制阶段所得到的结果将会对后续规划设计意义重大。

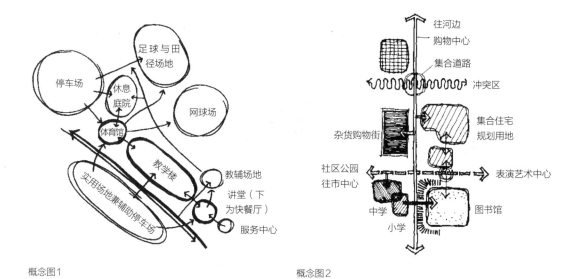

概念图1　　　　　　　　　　　　　　　　概念图2

（2）方案图

　　方案图即通常所说的设计草图，方案设计是在概念图基本确定下来以后，在功能区域或具体景观的定位、形态、尺度、结构等方面进行合理规划的过程。对设计者来讲，方案图的制作过程是一段充满苦恼和欢乐的时期，也是一段费尽心思、充满挑战的时期。其中所面临的问题是具体而繁杂的，处理这些问题需要以设计师各方面长期的知识积累以及发现和解决问题的能力为依托。

　　方案图主要反映设计师的设计思想，虽然在制作上不要求如施工图那样精致，但在设计上一定要合理准确。方案图主要以总平面图的方式来呈现，当然同时也兼顾景观设计中的立面图或剖面图。

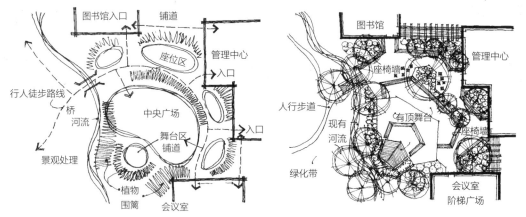

从概念平面配置向方案设计阶段的发展1　　　　从概念平面配置向方案设计阶段的发展2

（3）表现图

　　表现图又称"效果图"或"渲染图"，其制作是城市景观工程设计中一个较重要的环节。因为它采用立体图表现一般物象和场景，可以快捷和直接地表达设计师的意图，提升工程中甲乙双方（包括非专业人员）的认知能力，有助于进一步完善工程设计方案。所以，表现图在城市景观设计中被广泛采用。表现图的绘制一般在制作施工图之前或制作施工图的过程中进行。工程的相关领导往往就是根据表现图对工程设计提出修改意见。当然，修改意见也有可能发生在施工图的制作过程中。

表现图并非工程施工图，虽然具有一定程度的真实性，但因制图方式不同会产生不同程度的变形效果，其同时也具有理想化的或被设计师渲染的成分，因此在实际的工程设计和施工中，表现图仅以辅助图的形式出现，而不能直接指导施工，不应具有法律效力。表现图可分为轴测图和透视图两种。

① 轴测图

轴测图即轴测投影图，是一种画法相对简单的立体图，属平行投影范围。轴测图因其立体的表达方式，常常不如"正投影图"那样能准确地反映物体的真实形状和比例尺寸。所以，轴测图在城市景观工程设计中只是作为辅助图的形式出现。

轴测图可分为两种：一种是轴测正投影图，简称正轴测图；另一种是轴测斜投影图，简称斜轴测图。斜轴测图有两种，即水平斜轴测图和正面斜轴测图。在城市景观设计中，斜轴测图特别是水平斜轴测图，是广泛采用的表现图。

轴测图的制作方法有多种，其中有一种最为简单的方法叫"直接作法"，这种方法主要针对相对简单的景物，具体步骤如下。

· 以准备绘制的景观设计平面图为基础，选择一个利于表现的角度（在这个角度下最好能够在所要绘制的轴测图中同时看到物体的两个面），并如实将这个平面图移画到用于绘制轴测图的图纸上。

· 在移画后的平面图上进行透视绘制，并进一步完成轴测图的制作。

针对景观设计中复杂的平面布局，我们可以采用"网格法"进行制图。这种方法还可以同时结合一点透视、两点透视和三点透视使用，是一种较为理想的轴测图的绘制方法。

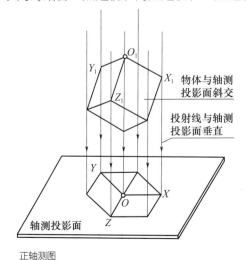

正轴测图

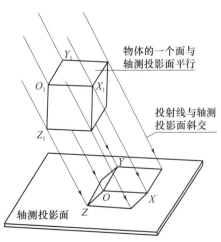

斜轴测图

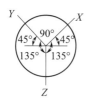

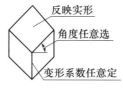

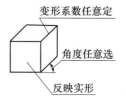

水平斜轴测图

正面斜轴测图

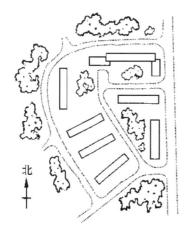

景观设计平面图

旋转一定角度的景观设计平面图

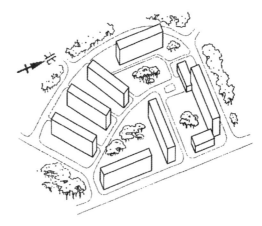

透视绘制使平面图变为三维图

② 透视图

透视图中的透视关系一般分为3种，即一点透视、两点透视和三点透视。

a. 一点透视

建筑物中，有两组主向轮廓线平行于画面（不会产生灭点），而第三组轮廓线与画面垂直（一定产生灭点），具备这种情况的透视称为一点透视。因为这种情况下的建筑物，必然有一个方向的立面平行于画面，所以，一点透视又可称为"正面透视"。

b. 两点透视

建筑物中，仅垂直轮廓线与画面平行，另外两组水平的主向轮廓线均与画面相交，从而形成具有两个发展方向的灭点，具备这种情况的透视称为两点透视。在此种透视中，因建筑物的两个立面与画面形成了倾斜的角度，所以，两点透视又可称为"成角透视"。

c. 三点透视

前两种透视都有一个共同的特点——画面与基面相垂直，这就意味着，我们的视线基本上保持在水平状态。而在三点透视中，画面与基面斜交。那么在这种情况下，建筑物的3条主向轮廓线均与画面相交，相应地就形成了3个灭点。因为三点透视中画面与基面斜交，故三点透视又称为"斜透视"。

透视图与轴测图相比，二者在表现上各有其独特的优势。例如，轴测图可能更利于表现景观工程的全景，而透视图往往对具体的景观有独到的表现力。总之，表现图在景观工程设计中扮演了一个不可忽视的重要角色，是人们沟通思想和情感的桥梁。

一点透视

两点透视

三点透视

（4）施工图

施工图绘制是城市景观工程设计中最为重要的制图环节，一个工程需要一整套的施工图才能准确进行工程施工。这里，我们仅介绍与艺术有关的城市景观工程施工图，包括总平面图、平面图、立面图、剖面图与详图等。

① 总平面图

总平画图是针对整体工程，包括对原有或新建的建筑、自然或人工景观、市政工程（桥梁、道路等）、公共设施以及地形地貌等在位置、尺度、标高等方面的规划设计。总平面图在工程设计的施工图中可谓关键至极，是工程设计和施工的首要依据。

在总平面图的制作中，我们要注意以下问题。

• 施工图中均须注有详细的尺寸，作为施工的主要依据。施工图中，总平面图以米（m）为单位，其他一般以毫米（mm）为单位。

• 总平面图中要标明比例尺。总平面图的比例尺一般是1∶500、1∶1 000、1∶2 000。同时，总平面图中也要标注指北针，其箭头指示正北方向，上有一大写字母N。必要时，总平面图中还要标注风玫瑰图以表明该地区的风向情况。

• 总平面图中要标有图例，以说明图中内容，或以标号以及引线的形式，在适当的位置辅以文字说明图中内容。

• 总平面图中一般需要注明标高。标高分绝对标高和相对标高。城市景观工程设计中一般使用相对标高，相对标高零点为"±0.000"，高出某地者为＋，相反为－。

② 平面图

平面图与总平面图在制作方法上并无多大差别。总平面图是针对一个总体区域而言的，平面图则针对总平面图中的一个局部区域，是具体景观施工的直接依据。在景观艺术设计中，根据工程的具体要求，这两种施工图都有不可替代的作用。

平面图的基本内容如下。

• 具体景观（如建筑）的形状、内部的布置及朝向。

• 具体景观的尺寸。

• 具体景观的结构形式及材料。

• 景观中的具体地面标高。

• 在具体景观中所涉及的，需要表明剖面图、详图和标准配件的位置及其编号。

• 综合反映其他各工程（水、暖、电等）对工程施工的要求。

• 文字说明。

③ 立面图

立面图表现景观（如建筑）的外貌，主要为景观工程的立面造型、具体景物的位置、高度关系、材料及布置方式等提供施工依据。

④ 剖面图与详图

剖面图主要表现的是具体景观的结构形式与内部情况。详图则是针对剖面图不能详细表达的地方绘制出的图纸。在实际工程中，剖面图与详图对于施工人员的具体施工具有直接的和十分重要的指导意义。

我们简单分析了制图的有关问题，除此之外，作为一种辅助手段，景观模型在工程设计中也同样能够起到非常重要的作用，特别是在大型的城市景观工程设计时，景观模型便尤其显得作用非凡。

景观模型是根据景观工程的实际，以与景观相同或相似的材料严格按照景观的实际尺寸、形态和结构方式等，并按照一定的比例制作出来的，供相关人员研究或观赏的样式模型。景观模型一般出现在工程方案确定后的工程施工过程中，主要起展示作用。景观模型是一种最为直观的设计方案表现形式。

文本编制阶段任务小结

文本编制阶段的主要任务是掌握城市景观设计的视觉表现及制图程序，本阶段要求学习者在拥有专业设计创意能力的基础上具备完成城市广场景观设计的技术能力。

任务与实践

假设某矩形场地的长宽比为2∶1，在以"奋斗"为主题对该场地进行平面创意构图设计的基础上对该场地进行空间设计，并制作该场地的设计图纸。

扩展知识：
以形式构成中的
中国元素进行城市景观
的设计与构图

　任务实践参考表格　　　　　　　扩展知识　　　　　　　　课后实践

项目二　城市道路景观设计

学习目标		
知识目标	**能力目标**	**素质目标**
1. 掌握城市道路的分类与城市道路景观的构成要素 2. 掌握现场勘测与调研的方法 3. 掌握城市道路景观附属设施的设计要点 4. 掌握城市道路景观设计文本编制的方法	1. 能够灵活应用城市景观设计中场地踏查与测量的方法完成踏查与测量 2. 通过调查与实践，具备分析并总结道路景观设计优劣的能力 3. 通过对项目的熟悉与了解，能够熟练运用城市道路景观的构成要素进行城市道路景观设计	1. 培养敢于担当的社会责任感 2. 培养积极进取的工作态度，在实践中传承和发扬工匠精神 3. 培养坚持中国特色社会主义文化发展道路的信念，激发设计创造活力 4. 培养职业道德素养，加强团队协作

项目概述：道路是城市的导游线，城市景观的展示依赖城市道路景观。城市道路景观是城市景观中的带状景观，如果把城市景观比作美丽的项链，城市广场景观是珍珠，那么城市道路景观就是贯穿项链始末的奢华丝线。城市道路景观设计是城市广场景观设计的延伸，学习者应在延

续城市广场景观设计的基础上，通过对城市道路景观设计的学习，掌握城市景观设计的相关知识与技能，形成对城市景观设计工作的全面认知。

任务与实施

任务——掌握城市道路景观设计的方法，具备开展城市道路景观设计工作的能力。

实施——以城市道路景观设计工作过程为任务实施过程，各阶段的任务依次如下。

（1）准备阶段：通过对城市道路级别及断面形式的学习和对城市道路环境的调研，掌握场地踏查方法。

（2）策划阶段：掌握城市道路景观设计的方法与原理。

（3）设计阶段：设计各种道路的铺装，并熟练、科学、合理地进行植物配置。

（4）文本编制阶段：完成城市道路景观设计图。

重点与难点

了解城市道路景观设计的内容与要求，掌握与设计相关的归纳、整理、分析等方法。

项目实训技能与成果

（1）高级手绘：具备一定的手绘水准，并能制作出包括手绘透视图在内的图纸。

（2）分析图设计：能够敏锐地找出设计的核心矛盾，并能够借鉴过往的设计经验以及在相关案例的基础之上，提出最佳解决方案（有时是多个方案）。

（3）中型设计：掌握基于空间整体的思考方法以及形成对项目规模的认知。

任务一　准备阶段

准备阶段任务　学习和掌握场地踏查与测量的方法。

目标与要求　由于道路级别、道路周边环境及地形地貌不同，道路在城市中的景观表征各不相同。城市道路景观环境还包括道路附属设施景观、道路两侧一定区域内的景观以及道路人文景观。围绕城市道路景观设计展开实践，有助于呈现城市的动态化景观。本阶段要求学习者通过对城市道路级别形式的学习和现场考察，掌握城市景观设计中场地踏查与测量的方法。

案例与分析　上海市昌平路道路景观设计项目。

1.设计资料收集与整理

项目概况：昌平路道路拓宽工程西起延平路，东至江宁路，全长约1.2千米，全线共划分为以下5个路段。

（1）延平路—胶州路路段：延平路路口以一组构骨球构建节点景观；住宅楼前，以不同植物构筑复层道路植物景观；中部体育场前，以植物围合出一处相对独立的健身活动区，并结合人流疏散要求，以点阵式栽植的栾树群掩映其内色彩鲜明的雕塑化座凳，构筑活跃的林荫健身广场氛围；胶州路路口的植物与雕塑相映衬，突出都市简洁明快的生活韵律。

林荫广场与座凳　　　　　　　　　植物与雕塑

（2）胶州路—常德路路段：规划用地（含人行道）仅宽8～12米，用不同植物构筑复层花境植物群落，形成"林荫花径"式的植物群落景观。

（3）常德路—西康路路段：常德路路口延续复层植物群落组景；中部结合周边环境，逐步过渡到商业群房前的栾树绿地广场；西康路路口3 000平方米的街头绿地作为全线重心，植物配置结合山、水、雕塑、小品等，用对景、障景、漏景等传统造景手法组织景观空间，展现出一幅贴近自然的绿色画卷。

植物群落景观

（4）西康路—陕西路路段：西段以"松、竹、梅"与石结合的传统植物配置突显传统文化精髓；东段结合自由式花坛布局，以栽植的火棘、金边黄杨、红花檵木和草花等植物结合金属座凳、古铜抽象雕塑与石库门框景墙，展现简洁、明快的现代风格。

竹林与路中草亭

花坛组合框景墙、雕塑、座凳

（5）陕西路—江宁路路段：西段规划用地（含人行道）仅宽7米，延续栾树行道树连带的色块配置；东段作为全线道路园林景观的收尾，结合沿线商业区、车站等，以点阵式栽植的华盛顿棕榈群构筑出一个南方植物空间。绿色掩映下，一座石库门楼雕塑框景后部浮雕墙，铭刻静安区旧城改造的历史与文化。

浮雕区域植物景观

2. 调研与设计分析总结

通过对上海市昌平路道路景观设计项目的调研，我们可以看出该道路景观以植物为主，充分利用、组织和调配道路交通与景观空间，提升道路绿化覆盖率，构筑一条融功能、景观及城市文脉于一体的城市生态景观绿廊，营造一种人性化的绿色交通空间。

上海市昌平路道路景观设计结合道路周边环境，发挥道路园林的交通组织功能，使人行道与园路等"合而为一"，提升道路绿化率，以城市居民的行为规律为主要依据，布置景观设施，拓展道路景观的日常休憩功能。

我们通过上海市昌平路道路园林景观设计项目可以看出，城市道路景观是城市景观的动态体现，与我们的生活密不可分。要想设计出优秀的城市道路景观，首先要认识道路景观设计的重要性，对城市道路景观的分类、断面形式及路面铺装要求有所了解。更重要的是，城市道路景观设计的前提是对城市道路进行踏查与调研，从而掌握城市道路景观设计的准备阶段任务，为城市道路景观设计的策划阶段提供丰富的设计创意资源。

知识与技能

1. 设计城市道路景观的原因

城市道路景观对于城市景观、城市意象的确立有着不容置疑的重要作用，极大程度上影响着人们对城市的主观体验。城市道路的建设对于城市的客观物理环境，包括地形、地貌、风、光照、水文、动植物及城市空间格局等都将产生不同程度的影响，进而改变城市景观环境及居民的生活环境。城市道路景观的3类构成元素——界面（其概念接近于"边沿"）、节点和细部设施（道路景观所特有的要素），从视觉、触觉、嗅觉等各方面都将引导人们对城市产生积极感受，助力人们进一步发掘城市的内涵，体验城市地域文化特色，强化对城市生活的认同感。

城市道路景观是整个城市绿化的骨架，"线"状的道路绿地把城市的"点"状和"块"状绿地连接起来，形成整个城市绿地系统。此外，道路绿化不仅具有降温、遮阳等实用功能，还可以有效地改善城市的生态环境。因此，城市道路景观是城市景观极为重要的组成部分，对改善城市的环境有很大的作用。

在塑造有特色的城市形象方面，城市道路景观也起到了举足轻重的作用。一个城市的道路景观，是城市风貌、特色最直接的体现和表达，是人们了解城市、感知城市特色的橱窗和廊道。凯文·林奇在《城市意象》一书中列举了构成城市形象的5个要素，道路要素被放在了首要地位。因为城市道路是城市的框架和纽带，良好的城市道路景观可以提高城市居民的愉悦感，增加幸福指数，还可以使外来者对这个城市产生亲切、美好的印象。

上海浦东的世纪大道全长约5.5千米，是中国第一条景观道路。沿途景观设计中有突出时间系列的露天城市雕塑展示长廊，大道上的系列小品如路灯、护栏、长椅、遮蔽棚等，也都以充满现代感的风格进行精心设计。世纪大道如今成为上海一处不可多得的景观，其设计富有法国式的浪漫情调，又不失东方文化的含蓄和优美，突显着上海作为国际大都市的地位

因此，城市道路景观设计水平的高低对整个城市的外在形象有重要意义，能直接影响道路形象，进而影响城市的地位。

2. 城市道路的分类与景观的构成要素

（1）城市道路的分类

按照道路在城市道路系统中的地位、交通功能，以及对沿线建筑的服务功能等，《城市道路工程设计规范》将城市道路分为4类：快速路、主干路、次干路、支路。

① 快速路

快速路是为城市长距离交通服务、使车辆能够快速行驶的重要道路。快速路仅限机动车通过，行人以及非机动车禁止进入；快速路中央设有隔离带；进出口采用全控制或部分

控制；快速路的设计车速为60～100千米/时。

② 主干路

连接城市各主要分区的主干路以发挥交通功能为主，在城市道路系统中起骨架作用。主干路采用机动车和非机动车分道行驶的模式，一般机动车道有4条或6条，非机动车道设有隔离带，公共建筑物的出入口不能设置在主干路两侧。

杭州市彩虹快速路　　　　　　　　　　　　　北京市主干路——长安街

③ 次干路

次干路是城市道路系统中的主要道路，是主干路的辅助交通线，和主干路共同构成了干路网。次干路数量较多，道路两旁可以设置停车位以及公共建筑物。次干路具有集散交通和服务功能。

④ 支路

支路是生活性道路，主要供非机动车通过和行人步行，连接次干路，解决了局部地区的交通问题，其功能主要是服务功能。

此外，一些大城市还设有专用道路，如载重汽车专用道路、公交车专用道路、自行车专用道路、步行街等。许多大城市专门的步行街禁止机动车和非机动车进入，为行人提供旅游、购物等服务，如苏州市观前街、南京市夫子庙步行街、上海市南京路步行街等。

南京市夫子庙步行街　　　　　　　　　　　　上海市南京路步行街

（2）城市道路景观的构成要素

城市道路景观设计所涉及的要素很多，但从自身属性来看，它们可以分为自然要素、人工要素和心理要素这三大类。城市道路景观设计就是将地形、植物等自然要素和建筑、园林小品等人工要素作为设计要素，然后工作人员根据设计构思将这些要素有机地结合起来，最后形成具有地方特色的城市道路景观。

① 自然要素

地理环境是道路绿地规划设计所要考虑的基础要素，也是最应该关注的要素。城市地形并不是千篇一律的平地，如我国青岛市的地形以丘陵为主，地形起伏不定，因此在对道路进行规划设计时就要依据当地的实际地形，适当地植树。苏州市干将路就是两街夹一条河，因此规划设计道路时就要考虑河的宽度，根据河的宽度来调整河边绿带的宽度。由此可以看出，道路结构将会影响道路绿地的构成形式、植物配置、景观效果、给排水工程、小气候等因素。

青岛市高低起伏的道路

② 人工要素

道路红线以外一般就是建筑，因此在对道路进行规划设计时，需要考虑建筑的特点。若道路两旁的建筑较低矮，那么行道树绿化带不宜种植冠幅较大的乔木。老城区的建筑一般比较古老、道路较狭窄，因而道路的风格应与老城区的风格相一致，不能太过张扬。

园林小品是城市规划中不可或缺的元素，它会使城市景观更富于表现力和文化内涵，也是城市道路规划设计的重要元素。园林小品一般包括雕塑、山石、座椅、路灯、路标等。我国一些比较大的城市，会在道路两旁设立假山石来增加城市的文化韵味，还会在道路的交叉口设置路标来指引道路。

青岛市城阳区正阳路的人行道

③ 心理要素

城市道路景观在很大程度上能够展现出一个城市的经济水平、文化内涵、历史韵味，即在一定程度上代表了城市形象。在城市道路景观设计中，重点在于意境的营造。心理学家马斯洛在20世纪40年代就提出需求层次理论，这一理论对行为学及心理学等方面的研究具有很大的影响。他认为人有生理、安全、爱和归属、尊重、自我实现等需求，这些需求有层次之分。最低层次的需求是最基本的，最高层次的需求是最有个性的和最高级的。这些需求是会发展变化的，不同情况下，人的需求不同。当低层次的需求没有得到满足的时候，人就不得不放弃高一层次的需求。根据马斯洛的需求层次理论，景观设计所应满足的层次也应该包括从低级到高级的层次过程，环境景观的参与者在不同阶段对环境场所有着不同的感受和需求。景观设计是研究人与自身、人与人、人与自然之间关系的艺术，因此，满足人的需求是景观设计的原动力。

马斯洛的需求层次理论示意图

3. 城市道路的断面形式

城市道路断面分为纵断面和横断面。沿着道路中心线的竖向剖面称为纵断面，能够反映道路的竖向线性；垂直于道路中心线的剖面为横断面，能够反映路型和道路宽度等特征。道路横断面由机动车道、非机动车道、人行道和分隔带等组成，道路绿地的断面布置形式取决于道路横断面。

（1）一块板式的道路横断面

一块板（一板二带）式的道路形式就是指路中央是车行道，车行道两侧的人行道上种植一行或多行行道树。这样的道路上，行人、机动车和非机动车混行，交通比较混杂。同时由于机动车、非机动车相互干扰，机动车的行车速度较慢，行人在步行过程中也存在一定的安全隐患。道路两旁种植的行道树种类比较单调，因此该种道路形式常被用于车辆较少的道路。

（2）两块板式的道路横断面

道路中央设置绿化带，道路被分成两块路面，两侧

青岛市某街道的太阳能路灯

车流相向行驶，路旁的绿地设计类似一板二带式，整体就形成了二板三带式的道路形式。该种方式的道路避免了相向而行的车辆相互干扰，在一定程度上解决了机动车行驶速度慢

的问题。但是机动车与非机动车仍在同一侧，依然存在行车混乱的问题，因此机动车的行车速度依然受到影响。该种道路形式适用于机动车较多，而非机动车较少的道路。

（3）三块板式的道路横断面

两条绿化带将道路分成3块，中间为机动车道，两侧为非机动车道，这种形式的道路能够解决机动车与非机动车行车杂乱的问题。但是由于相向而行的机动车道间没有隔离带，因此相向而行的机动车容易相互干扰，机动车的行驶速度受到限制，同时夜间行车的灯光过于炫目，可能会引发交通事故。该种道路形式适用于非机动车较多的道路。

（4）四块板式的道路横断面

四块板式即在三块板式的道路中央加设一条绿化带，将机动车道分成上下行两块，这是二块板式和三块板式的综合，因此兼有这两种形式的道路的长处——既能够避免相向的车辆相互干扰，保证车辆快速、安全地行驶，也能形成较好的绿化景观。但是这种道路交叉口的通行能力比较弱，而且该种形式的道路由于占地面积较大，因此可用绿地较为紧张的中小城市不宜采用，一般在机动车和非机动车较多的大城市中比较常见。

一块板式的道路横断面示意图

两块板式的道路横断面示意图

三块板式的道路横断面示意图

四块板式的道路横断面示意图

4. 城市道路的铺装要求

按照铺装材料的强度，我们可将地面的铺装分为高级铺装、简易铺装和轻型铺装。

（1）高级铺装

高级铺装适用于交通量大且重型车辆通行的道路，通常用于公路路面的铺装，而且公路路面的铺装材料多为沥青。

常熟市尚湖风景区的环湖路

杭州市虎跑风景区的道路

（2）简易铺装

简易铺装适用于交通量小、几乎无重型车辆通行的道路，通常用于市内道路。

（3）轻型铺装

轻型铺装适用于机动车交通量小的人行道、园路、广场等。此类铺装对应的路面中除了沥青路面外，还有砌块路面和花砖路面。

此外，铺装路面按照铺装材料的不同可以分为沥青路面、卵石嵌砌路面、石材路面、砖砌路面、混凝土路面和预制路面等。

沥青路面

卵石嵌砌路面

石材路面

砖砌路面

良好的道路铺装不仅能够给人们美的享受，而且能够展示所在城市的特色，或蕴含某种吉祥寓意。如皇家园林里的龙凤图案是较为常见的铺装图案；私家园林里常可看到的龟鹤图案象征长寿、健康；万字海棠纹铺地，寓意"玉堂富贵"；蝙蝠纹象征"福"。人们把这些图案当作赐福的祥瑞符号，认为它们是一种吉祥的象征。

仙鹤铺装图案

五蝠捧寿铺装图案

5. 现场勘测与调研的方法

学习城市道路的分类、断面形式及铺装要求，目的是为掌握现场勘测与调研的实践技能提供理论支撑。通过对上海市昌平路道路园林景观设计项目的分析，我们不难看出，进行城市景观设计需要现场勘测与调研，相关步骤如下。

（1）熟悉自然条件、环境状况及历史沿革

① 甲方对设计任务的要求及道路规划用地历史状况。

② 城市景观总体规划与道路的关系。

③ 道路与周围环境的关系、周围环境的特点、道路的未来发展情况（如道路周围有无名胜古迹等）。

④ 道路与周围城市景观（如建筑形式、体量、色彩等）和周围市政的交通联系，人流集散方向，周围居民的类型与社会结构，如是否属于厂矿区、文教区或商业区等情况。

⑤ 道路规划用地的能源情况。

⑥ 规划用地的水文、地质、地形、气象等方面的资料。

⑦ 道路规划用地内原有的植物种类、树木年龄、观赏特点等。

⑧ 主要材料如苗木、山石、建材的来源与施工情况。

⑨ 甲方要求的景观设计标准及投资额度。

（2）准备图纸资料

除了城市总体规划图以外，设计者还应要求甲方提供地形图、局部放大图，要保留待使用的主要建筑物的平、立面图，树木位置分布图，地下管线图等等。

（3）踏查

无论道路规划用地的面积大或小，设计项目的难或易，设计者都必须认真踏查。一方面，设计者应核对、补充所收集的图纸资料，了解现有的建筑物、树木等的情况，水文、地质、地形等自然条件。另一方面，设计者到现场后，可以根据周围环境条件，进行艺术构思，发现可利用、可借景的景物和影响景观效果的物体，以便在设计过程中分别对二者加以适当处理。设计者在踏查的同时可配合速写或拍摄一定的环境现状照片，以供进行总体设计时参考。

（4）编制总体设计任务文件

设计者对收集到的资料进行分析、研究后，制定出总体设计原则和目标，编制出道路景观设计的要求和说明。总体设计任务文件主要包括以下内容。

① 道路与城市绿地系统中各部分的关系。

② 道路所处地段的特征及四周环境。

③ 道路总体设计的艺术特色和风格要求。

④ 道路景观设计的投资匡算。

准备阶段任务小结

城市道路景观是城市中的带状空间，其表现出动态性和连续性。作为实训环节，本阶段的主要任务是掌握城市道路景观环境现场勘测与调研的方法，对调研资料进行整理与汇总，去糟取精，为后续任务阶段提供信息与资源。

任务与实践

（1）实践任务

勘察并绘制地形地貌图。

对所在城市某主干路进行踏查，并对某一路段进行实地测量，掌握踏查的方法与技巧，并对道路概况及总体设计进行分析与总结。

（2）成果与提交方式

· 以5～10人为一个小组，每组选定不同的道路进行踏查，自行制订计划并完成任务。

· 对选定道路的区位环境、级别和设施进行踏查。

· 分工绘制道路局部的平面图、立面图、剖面图。

· 各组分别完成并提交道路景观踏查总结文本一份。

任务二　策划阶段

策划阶段任务　掌握城市道路景观设计的方法与原理，具备一定的分析能力。

目标与要求　通过调查与实践，能够分析并总结城市道路景观设计的优劣。

案例与分析

以杭州市上城区道路绿化景观的调查与优化为例进行讲解，可扫描二

杭州市上城区道路绿化景观的调查与优化

维码查看具体内容。

知识与技能

1. 城市道路景观设计的相关概念

（1）城市道路景观

城市道路景观是指城市道路中被人们感知的空间和实体等要素，以及它们相互之间的关系。更广的意义上，城市道路景观不仅包括"景"的客观结果，还包括"观"的主观过程，是空间要素以及空间中人的活动共同组成的复杂综合体，是在城市道路中由地形、植物、建筑物、构筑物、绿化小品等组成的各种物理形态。

（2）城市道路绿地景观

城市道路绿地景观是城市道路绿地范围内的乔木、灌木、花草、地被等绿化植物和喷泉、座椅、花坛、亭廊等小品组成的既有视觉效果又有游憩功能的景观。

（3）绿化种植设计

绿化种植设计就是根据园林总体布局的要求，按照最大限度适应植物生态习性、兼顾园林美学特征的总体原则，所进行的园林植物种植相关方案的一系列设计。

2. 城市道路景观设计的要求

在遵循以人为本、尊重历史、保持整体性、维持连续性及实现可持续发展等基本原则的基础上，城市道路景观设计主要从道路形式、建筑形式、道路设施、场地铺装、景观小品和绿化等几个方面展开。城市道路景观设计的要求如下。

（1）用地要求

良好的城市道路景观设计应紧密结合城市用地和功能区，根据用地性质和功能区的要求提供不同的交通服务模式。

（2）空间要求

应充分考虑城市道路空间中地面、地下以及高架立体空间的综合使用，以为道路使用者提供综合服务为立足点和出发点，除承担传统意义上的交通功能外，还应承担生活功能、管线载体功能及景观功能。设计者要统筹考虑整个空间范围内道路所承载的功能，合理布置各种设施。依据空间功能，将道路空间划分为步行空间、自行车及公共设施空间、公共交通空间、机动车空间、其他空间，可实现空间划分与系统功能的紧密结合。

（3）路权资源分配要求

城市道路景观设计应从以机动车交通为中心向综合考虑行人、公共交通、自行车、机动车等多个方面转变，应根据道路等级及服务对象优先权的不同，合理分配各种交通设施的路权资源，保障各种交通参与主体的安全，体现路权资源分配公平、公正、合理。

（4）交通设计要求

交通设计不同于交通工程设计，必须充分体现交通功能，交通功能作为城市道路最基本的功能应在城市道路景观设计中被重视。传统的道路设计过于强调单个设施的功能而缺乏对各个系统的详细量化分析，致使道路方案设计重点不突出。交通设计通过量化分析各交通系统设施的供应能力，提出合理的交通组织设计方案，为后续道路工程方案设计提供依据。

（5）风貌控制要求

城市道路景观设计应加强景观设计与城市设计的衔接，充分结合城市自身特点，根据规划提出的远期控制目标和近期实施指导性要求，针对空间组合、景观风貌、建筑特色、道路宽度甚至断面布局等进行综合设计。设计者通过对道路路面结构、主题色彩、照明、绿化、小品等进行设计，使道路与建筑物间组成的空间轮廓、尺寸比例、色彩、线条等相协调，达到提升城市整体环境质量水平的目的。

（6）人性化和精细化要求

城市道路景观设计应充分考虑城市公共空间的主体——人，设施设计要体现对人的关怀，如满足无障碍使用、行人二次过街、交通稳静化设计等要求，集功能性与美观度于一体，关注人在其中的生理需求和心理感受，使人们感到舒适、方便，获得自然、和谐且美好的感受。同时，城市道路景观设计注重细部构造物设计，如修建挡土墙、台阶、树池等，以体现精细化设计的要求。

3. 城市道路景观设计的问题与现状

目前，我国的道路建设已进入大发展的时期，城市道路景观也日新月异，一定程度上满足了人们的日常需要，但相对于发达国家，我国的城市道路景观理论体系仍有较大发展和完善的空间，同时在景观品质、设计理念等方面也依然存在着诸多问题。

（1）两个脱节

① 规划与方案设计之间的脱节

目前国内的许多设计都遵循这样一个流程——整体规划、建筑设计、道路设计、景观设计。道路景观往往在道路市政工程结束以后开始建设甚至才开始规划。这种道路景观设计滞后于其他相关规划和设计的做法，使得道路的景观设计和道路的本体之间相互脱节，导致了景观设计的先天性不足，这是制约我国道路建设水平和景观品质提升的根本原因。

② 现状分析与方案设计之间的脱节

前期的现状分析虽然是设计中必不可少的阶段，但往往容易停留于表面，不深入、不彻底，而方案又常常忽略现状，从而使现状分析与方案设计形成"两层皮"。两者脱节，导致道路景观设计"无土扎根"，犹如纸上谈兵。

（2）3个缺乏

① 缺整体

城市道路景观设计应该是一个统筹考量、整体推进的过程。而多数的城市道路景观设计往往着眼于单体道路，忽略了周边环境及其在整个道路规划体系中的位置和作用。这种缺少了整体把控和全局意识的道路设计，犹如盲人摸象，最终导致设计思想模糊、设计风格无序、景观效果杂乱。

② 缺品质

许多地方规划者，为了建设政绩工程和面子工程，急功近利地绿化道路和修建广场，盲目求大、求宽、求洋，机械地复制各种外来景观。这种追求假、大、空的城市道路景观设计，丧失了景观建设的基本目标，导致景观毫无品质可言。

③ 缺个性

缺乏具体分析以及设计元素，盲目照搬照抄，使得大多数的城市道路景观设计千篇一律、缺乏个性，设计与本地城市文化底蕴和空间形态不甚协调，道路景观丧失了它赖以生存的特色和魅力。这种"千街一面"的特色危机反映出目前城市地域文化的衰落。

（3）3个误区

① 重绿化、轻设施

片面强调绿化，把道路景观设计单一地理解为道路绿化设计，导致道路附属设施不够健全，缺乏如交通标志、人行天桥、地下通道、行人公厕、道路路名及路向标牌、城市交通地图展示牌、果壳箱、公话亭、特殊人群无障碍通道等能使道路更好地为人们提供服务的设施。

② 重平面、轻空间

部分设计者缺乏空间意识，其景观设计往往局限和停留在平面形式上，这些设计者常常为了追求视觉效果而过分强调构图与形式，从而导致城市道路景观平面构图华美，实际空间空洞单薄、缺乏层次。

③ 重形式、轻生态

部分设计者为了追求连续而震撼的景观效果，在道路景观设计中通常更注重大面积、形式化的绿化布置，如注重对大密度和大规格植物材料的运用。这种追求"整体效果"和"短期效应"的设计方法，不仅会导致苗木营养不足，影响长期景观效果，还会增加绿化养护成本、费时费力，事倍而功半。

策划阶段任务小结

本阶段的主要任务是对城市道路景观进行合理有效的分析，而分析的前提是对城市道路景观有整体性认知。在城市道路景观设计中，道路使用者在不同种类的道路上有不同的行为模式、活动方式，会产生不同的行进速度和对道路景观的不同感受，所以学习者在策划阶段应在掌握城市道路景观设计原则、设计方法的基础上，分析城市道路景观设计的优劣，并进行设计构想，为城市道路景观设计拉开序幕。

任务与实践

（1）实践任务

考察所在城市中的道路，通过对各道路的踏查，收集城市道路相关资料，分析总结各条道路的景观设计的优劣，并提出自己的见解。

（2）成果与提交方式

· 以小组为单位进行资料的分析与探讨。

- 每人完成一份有关城市道路景观设计的分析报告。

任务三　设计阶段

设计阶段任务　掌握城市道路景观设计的初期任务——总体设计。

目标与要求　通过对项目的熟悉与了解，能够熟练运用城市道路景观要素进行城市道路景观设计。

案例与分析　上海浦东世纪大道景观设计。

1.路面概况

世纪大道西起东方明珠广播电视塔，东至世纪公园，全长约5.5千米，宽度为100米。

2.道路设计断面形式

世纪大道采取非对称性断面形式，含31米双向六快二慢的机动车主道和两侧各6米宽的机动车辅道，主道和辅道间设有绿化隔离带。

世纪大道的最大特点是道路断面的非对称设计。世纪大道的中心线不在路中央，而是向南偏移10米，这一设计使得东方路、张杨路两路的中心线得以在世纪大道交会。世纪大道的中心线南移后，北侧特别宽的人行道辟出8块长180米、宽20米的空地，这些空地成为国华植物园的所在地。

3.道路景观设计内容

从世纪大道的设计来看，它较好地处理了人、交通、建筑三位一体的综合关系。大道北侧人行道上布置了8处游憩园，崂山路西和扬高路路口设置了两处雕塑广场以及休闲小品、艺术画廊等。世纪大道如今成为上海一处不可多得的景观。景观设施包括雕塑、路灯、护栏、长椅、遮蔽棚等，以充满现代感的风格精心设计。

世纪大道全线9个交叉路口被设计成简洁的几何形状，各具形态，沿途配以不同品种、风格、色彩的雕塑作品、植物，这样以9个交叉路口为分界点，形成了特色鲜明而又不失整体风格的10段景观。

由世纪大道的设计可以看出，城市道路景观设计是城市景观空间序列化设计的载体，是城市景观展示的动态画面。下面基于对项目一中广场景观空间的设计要素的认知，以城市带状空间为场所进入城市道路景观设计阶段。

知识与技能

1.绿化与城市道路景观设计

道路景观是城市的"窗口"，一些主要的交通线都会成为关键的意象特征。随着城市化进程的加快，植物在生态、城市意象构成等方面的重要性日益突显，园林植物成为城市道路景观的构成要素，如美国联邦大道就是以繁茂的植物景观著称。

植物景观不但有美化城市的作用，还能通过不同的栽植形式与造景手法，组织调配道路园林空间序列，影响人对道路空间的感受。在规划上确保城市道路园林用地的同时，结合道路交通与周边环境，选择适宜的植物种类，运用合理的栽植形式与造景手法，提升道路绿化覆盖率。

四通八达的城市道路占城市总面积相当高的比重，道路扩展引发的空气、噪声污染等已成为城市公害。因此，一些发达国家建设了大量的开放式公园、公共绿地，它们起着改善城市生态、调节城区气候的作用。

而我国的一些城市，如上海，出于历史原因，在发展过程中没有保留足够的绿地，人口密度高，空间开放性差。上海只有通过结合城市道路，如上述案例中世纪大道的设计，综合运用植物造景手法，通过建设以植物为主的道路园林景观，调配道路空间视觉感受，增加城市绿量，改善城市生态及人居环境。

此外，道路景观亦是城市景观系统不可或缺的组成部分，是城市人工生态系统与其外围自然生态系统间实现物质循环与能量流动的主要"交通廊道"，如同条条绿色项链，形成无数个绿色屏障，保护着整个城市。

2. 城市道路景观设计的基本原则

城市道路景观设计是一个"形散而神不散"的过程，确定其基本原则具有十分重要的指导意义。

（1）保证城市道路的功能完整

现代城市道路的作用是综合性的，除实现交通、防灾、布置基础设施、界定区域等功能之外，还需要满足市民交往、游赏、娱乐、散步、休憩等需求。因此，城市道路景观设计应将道路绿化配置、步行空间、道路节点及景观雕塑等的设计纳入其内统一考虑。

（2）将道路与景观空间相融合

只有将道路与景观空间关联起来进行统筹规划设计，才能创造出完整而有机的城市道路景观，如道路的方向性与对景处理的关系、道路边界封闭程度与借景可能性的关系等。

（3）突出城市道路的个性化

道路绿地可观赏性是城市道路绿地的重要功能之一。城市主次干路绿地景观要求各有特色，各具风格，许多城市希望做到"一路一树""一路一花""一路一景""一路一特色"等。在城市道路景观设计中呼吁个性塑造、呼吁文化复兴已迫在眉睫。

新加坡城市街道绿化

（4）生态造景原则

注重物种与物种之间的协调关系是生态造景的关键所在。生态造景原则要求多层次配置植物，创造科学合理的植物群落，产生整体美，同时突出乡土树种，并表现植物季相变化的生态规律。生态造景可改善道路及其附近的生态条件，降温遮阳、防尘减噪、防风防火、防灾防震。

（5）人性化原则

人性化的城市道路景观设计通过改善车辆性能、提高道路平整度和道路绿化系统的生态效益，来缓解机动车交通带来的环境污染，并体现以人为本，关爱人的心理健康。

（6）本土化原则

本土特色是城市景观设计的核心，要求以城市总体规划中确定的道路格局为基础，道路绿地树种要适合当地条件。

（7）可持续发展原则

可持续发展是 21 世纪的主题。道路绿地建设应将近期和远期效果相结合，在保留现有的植物群落的同时，留出充分的发展空间。

3. 城市道路铺装设计要点

在对空间的利用中，我们直接接触最多的就是底界面，一般我们认为的底界面主要指道路铺装。道路铺装具有双重功能：交通功能与环境艺术功能。交通功能包括可辨认性、界定性、方向性、警示性、引导性和限速性；环境艺术功能包括创造宜人、舒适的空间和美化城市环境等，并且起到一定的装饰作用。

（1）道路铺装的交通功能

道路铺装是为了使道路适应路面的结构性能和适用性能，保证车辆、行人安全通行。道路铺装材料应坚实、耐用，不易磨损，表面防滑、容易清洁和排水良好。道路铺装具有传递信息的图示功能，可引导人车通行。可辨认性是道路安全的重要内容，铺装景观通过材质和色彩的变化合理划分功能区域，利用色彩、材质、图案、高度差等区分车行道、人行道以及公交车专用道的位置。

游览的速度和意愿受铺装路面宽窄的影响

方向性和引导性是道路铺装需具备的特性之一，道路铺装通过连续的分割和序列变化形成韵律和节奏感，引导行人、车辆前行。为了有效减少交通事故和降低车速，道路铺装会通过材料的色彩和质地的变化限制车速，保证通行安全。如西安通易坊仿古一条街，机动车道每隔一段就有用表面粗糙的小料石拼贴出的减速带，减速带既达到了使机动车减速的目的，同时也美化了道路环境。

（2）道路铺装的环境艺术功能

道路铺装除具有交通功能外，还为人们提供了公共活动的场所。铺装景观为人们提供舒适优雅的公共空间，便于人们交流、欣赏街景，同时也提高了道路空间的品质。

　　铺装还能使不同区域的空间具有相关性。合理的铺装设计能使周围景观与建筑形体巧妙地融为一体，使空间具有完整统一性。

　　公共空间的铺装应该结合地域特征，这样才能营造地域特征鲜明的场地。个性独特的铺装能有效烘托和营造适宜的环境气氛，创造出赏心悦目的景观效果。荷兰景观设计师高伊策在设计荷兰东斯尔德围堰旁的人工沙地时，由于一条公路穿行于围堰之上，因此在设计上充分考虑了人在汽车上高速行进时的景观感受，同时为了增强该地区的生态效应，利用当地渔业废弃的深色和白色的贝壳，铺成3厘米厚的色彩反差强烈的几何图案，并使图案与大海的曲线形成对比。

良好的铺装能吸引人停留

不同的铺装形式划分出不同的功能区域

嵌草砖铺砌的停车场

道路铺装中的不同材质

　　（3）低速路、中速路、高速路铺装设计要点

　　道路使用者在不同种类的道路上因行为模式、活动方式的不同，产生不同的行进速度，道路铺装也相应地具有差异。

　　在低速路铺装设计中，道路使用者以步行和骑自行车等为主，其与地面有直接的接触，对地面的关注度也最高。因此，设计者应该注意铺装形式的变化、色彩的搭配以及

形式变化的路面铺装

材质的选用，因地制宜，结合地域文化，赋予道路文化特色。

中速路的铺装主要考虑交通的通畅和识别性，简明的铺装形式利于通行的安全和可达性，铺装形式和色彩可以有效划分出机动车道和非机动车道。

由于车辆在高速路上的行驶速度很快，道路铺装应简洁、易辨别、形式明确，具有方向性和可识别性，形式上以符号和色彩鲜明的提示物为标志，如限速符号和减速带。

4.道路绿化种植设计要点

城市道路绿化作为道路中最具活力的要素之一，绿化的合理搭配不仅美化了城市道路，引导车辆和人前行，给观察者以赏心悦目的感觉，保证了道路绿化景观空间的层次性和丰富性，而且也提升了城市道路的空间品质。

城市系统是非线性的，人对形式美的感知是有序和无序的稳定组合。自然界的景观容易使人产生亲近感和愉悦感，而过于几何化的景观形式会显得呆板，使人产生视觉疲劳。因此，道路绿化应效法自然的系统观，重视景观整合性和时空连续性。

从生态上来看，绿地可以营造安静的气氛，道路上也需要适当的遮阳设施，尤其在炎热的夏季。以往的城市绿化都是沿街等间距栽植基调树种和骨干树种，这样的处理结果往往显得单调乏味。我们可以突破这一做法，视具体情况栽植数行行道树，并减小间距，使之呈密林状。对于曲折蜿蜒的道路，可以根据道路形态，栽植双行行道树，在乔木下配置小灌木和时令花卉，这样的处理结果使行道树随同道路形态产生动感，形成具有排斥性的、难以接近内部的空间（即消极空间）。但从围合的内侧空间看，这样做却能创造出一种把人包围在里面的温暖、完整的城市空间。这种"阴角"空间实际在领域上包围了道路，将行人置于内侧，使行人容易观察道路上发生的一切。

道路景观还应同街头广场、开放空间结合，与道路周围景观形态协调一致，形成层次丰富、适宜人们活动和观察场景的场所，取得和谐美与整体美，这样的道路景观会使人对空间有深刻的整体印象。

（1）低速体验下的道路绿化种植

低速运动作为常态化的运动方式，是人们最轻松、最易感受外界环境的知觉体验，视觉、听觉、嗅觉、触觉等多种感官体验往往伴随运动同步产生。因此，低速体验下的道路绿化种植不仅要注意植物的绿化功能，还要体现人本思想。

植物具有限定和围合空间的作用，软质界面的围合使得道路具有明显的线性特质。它同建筑一样，可以围合空间、限定空间，并起到引导、控制人流和车流的作用。植物的围合作用具有通透性，形成的空间形态比较模糊。城市道路绿化需要结合地区差异、气候条件与交通特性加以考虑。如炎热天气植物的遮阳效果，南方以常绿树种为主；而在北方，冬季则要保证良好的采光，就需要高大的落叶乔木做行道树。

夏季

冬季

植物的限定和围合作用

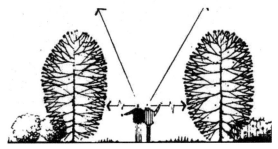

封闭垂直面、开敞顶平面的垂直空间

绿化界面的围合空间

在步行道上，人们在放慢速度观赏道路街景时，要求景观具有小尺度与精心的细部设计，注重"形"的刻画与处理。具体到绿化植被，就是要强调植物的品种和造型。植物栽植一般有规则式和自然群落式两种。对于低速观景，两者皆可采用。规则式有对植、列植、篱植等手法；而自然群落式则是模仿自然生境，体现自然生态性，常用的手法有孤植、点植、丛植、片植和群植。

在植物的造型上，根据具体的道路情况，其营造的视觉效果有垂直向上型、水平展开型、特殊型。此外，要考虑植物的色相变化，如观花、观叶等。植物应结合道路小品设施种植，便于行人识别和临时休息。

（2）中速体验下的道路绿化种植设计

由于交通方式的改变，传统的景观形式同车行环境下的道路景观不协调，车行环境下需要充分考虑人的视觉感知的变化。因此，道路绿化的尺度、方式要与速度变化相适应。由于运动速度的增加，观察细节和处理有意义的信息的可能性就大大降低。人们关注的只是树的形体和色相，至于细节则忽略不计。在种植上，树的间距拉大，一般控制在5~10米，树之间以灌木为主，并且要求具有良好的观叶或观花效果。同时，要考虑到地域特征、气候、道路类型，将绿化作为道路环境整体的一部分来考虑，如南方城市需要绿化有遮阳效果。此外还应视具体情况而定，如道路两侧以商业区为主，就应考虑减少绿化面积，预留一些开敞空间，以便满足人的活动需求；又如，在交通性道路转折、交叉处应该减少种植，不能影响驾驶人员观察相向而来的人车交通情况。道路绿化种植还应考虑不要遮挡路边建筑的店招门牌，从而使驾驶者容易发现目标。

道路绿化随着车速的增加，呈现点、线、面相结合的道路景观序列，道路与两侧的建筑形成的线性空间强化了空间的引导性和连续性。道路中有序的种植安排和景观序列，成为体现道路景观特色的重要表现要素。中速路绿化种植设计中，需要考虑绿化隔离带，一般绿化隔离带选用耐修剪的常绿小灌木，高度控制在 1.5 米以下，以保证车辆通行的安全性和通畅性。

色叶小灌木与背景的小乔木形成色彩变化　　　　　　　　　中景的桧柏与背景的红叶李的组合形式

（3）高速体验下的道路绿化种植设计

高速运动呈现的空间连续性更强，车辆速度过高，景物瞬间闪过，眼睛的反应时差跟不上景物的运动，人会产生眩晕感。对于这种现象，一方面可以通过降低车速让人观察景物；另一方面，可以通过增大行道树的间距，防止产生眩晕感。行道树的间距控制在 10～20 米，选用高大、形态优美的常绿或落叶乔木，不易遮挡行车视线，常用的常绿树种主要有桧柏、雪松、云杉等，落叶乔木主要有水杉、复叶栾树、火炬树等。

在种植上以片植和群植为主，选用色叶植物，分段设置，使驾驶人员不易产生审美疲劳。另外，绿化隔离带中的灌木高度控制要小于 2 米，符合人们的审美特征。在下坡路段缩短种植间距，以起到暗示和引导作用。

5. 城市道路设施设计要点

城市道路设施不仅作为道路的附属设施具有使用功能，而且还能点缀、美化城市环境，创造个性化的城市环境。城市道路设施包括人车分离设施、交通指示设施、道路照明设施、公共服务设施及其他。城市道路设施的设置以有序、整洁为原则，避免造成通行不便和景观混乱的局面，以创造舒适的道路环境为宗旨。

高速体验下的道路绿化种植

（1）城市道路设施

① 人车分离设施

人车分离设施直接影响人车的通行安全，根据道路的断面一般采用高差法、护栏、隔离墩等分隔手法使不同交通主体各行其道。

高差法是指将机动车道与人行道分离，人行道比机动车道高出一定距离，同时在铺装上有所区别，这样就明确了各自的通行空间，避免了人车抢道的局面。

当人行道和机动车道无法用高差法处理时，就需要考虑采用附属设施了。在附属设施中，护栏和隔离墩就是有效的隔离手段。隔离墩具有开放性，非机动车可以穿行，而护栏就相对不太开放了。

护栏限定了通行范围，保证了舒畅的通行环境。设计护栏时不能仅仅把它当成隔离手段，应该从其人性化角度考虑，在高度、材质、色彩上都考虑人的行为感受，如扶手状护栏为行人考虑得更加周到，可以供行人倚靠、驻足观赏。出于对行走便利的考虑，护栏应尽量靠近机动车道一侧放置，给人行道留出足够空间。

隔离墩主要是限制机动车闯入人行道，并且隔离墩之间能形成行人通行的短暂安全带。为了显得自然大方，隔离墩的色彩应尽量保留所用材料的原色，并且与地面及道路整体氛围相协调。

道路隔离护栏

连续的隔离墩

② 交通指示设施

交通标志牌在道路上起提示和引导作用。由于道路中各种视觉信息量大，其在设计中就要考虑如何突出主要信息。

指示牌应使人容易辨认，在设计中视道路空间，采取集约化、组合入其他设施中或利用沿道建筑物等措施，通过共用、兼用等手段实现整合统一，在色彩上最好使用低亮度、低彩度的色调。

交通标识

交通标志应设置于各种场地出入口、道路交叉口、分支点及需要说明的场所，与所在位置的尺寸、形状、色彩相协调，并与所在位置的重要性相一致。

③ 道路照明设施

出于交通安全的考虑，机动车道的照明设施应尽量均匀照射到路面上，但人行道不需要均匀布光。根据不同的道路情况，低位照明能给道路夜景带来更多的变化和秩序感，而高位照明能照射到更广阔的道路范围。

根据不同的照明需求，照明设施的亮度有所不同，烘托出的氛围也存在差异。商业集中区域就需要高亮度的街灯、泛光灯，因为只有配置大量的霓虹灯、广告牌匾灯以及橱窗照明灯，这样才能烘托出商业集中区域的绚烂多姿和热闹气氛。高强度照明灯的立杆高度一般大于10米，用于人行道的照明灯的立杆高度则一般为3.6米。

除了照明功能外，照明设施的装饰作用也不容忽视。照明设施的支柱形态要具有整体性，要与沿街建筑物的造型以及道路上其他设施的风格统一协调，尤其基部与铺装设计要基于一体化考虑。支柱在垂直空间上形成的序列感明显，其在夜间才能构成一道亮丽的风景线。

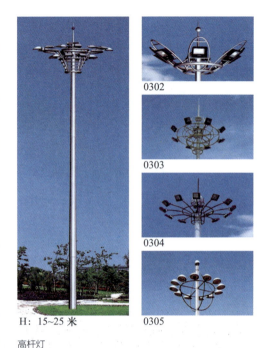

0302

0303

0304

0305

H: 15~25 米

高杆灯

道路照明设施越来越受到人们重视，它一方面起到了保障安全和引导的作用，另一方面也强化了道路景观的空间序列。因此，要从人对道路空间的感知的角度出发，根据不同道路空间的属性，合理布置道路照明设施，以形成富于人性化的道路景观。

④公共服务设施

公共服务设施包括公交车站、电话亭、座椅、信箱等。

公交车站是人们等候公交车的地方，候车地周围环境要适合乘客候车，要考虑遮风、避雨、防日晒的功能。公交车站一般都结合绿化设置，并且需要在种植上有所区别。如用更高的树木替代公交车站周围一定的树木，以增强公交车站的可辨识性。

电话亭不能妨碍行人正常通行，在步行环境中一般以100～200米间隔设置。电话亭需具有较好的通风性、挡雨功能，并有一定的私密性。

座椅作为供人们小憩的设施，一种是有靠背的长椅，一种是无靠背的长凳。有

系列组合长凳

靠背的长椅决定了人的朝向，如可以结合绿化形成半包围的"凹"形设置，因为视线已经被限定在一个方向。而无靠背的长凳比较灵活，可以设置在开敞空间，也不影响视线。座椅应该和周围环境相融合，若能同周围其他设施在设计上形成统一效果，就能使道路景观给人留下深刻印象。

信箱在设计上保持鲜明特色，色彩采用万国邮政联盟规定的橄榄绿或棕黄、红色，材料则采用较为坚硬的铸造金属类。

除了以上的公共服务设施外，还有诸如垃圾桶、公厕、市政井盖等设施，在此不一一赘述。公共服务设施的设置应该视具体道路特性而定，但是风格上应同整体道路风貌相统一，才能塑造出舒服宜人的城市公共环境。

（2）3类速度体验下的城市道路设施设计要点

城市道路设施能有效提高道路品质，同时也是城市文化和城市个性空间的展台。对于低速路，要求城市道路设施具有人性化特征，尺度、色彩、材质等符合人们的生理和心理需求，能使人们有效参与和利用；对于中速路和高速路，一般只关注观景效果，在设置上考虑其间距和形体大小，使其具有空间导向性，以便形成空间序列和良好的视觉效果。

设计阶段任务小结

城市道路景观设计需要用系统的方法对影响道路体系的因素进行分析和归纳，组织景观空间形式，各要素之间需相互协调、逐步统一，才能塑造个性鲜明的道路。针对3类道路景观特征的研究发现，不同速度下的道路景观设计的侧重点不同。低速体验下的道路景观设计应以人行环境为主，注重细节的处理，考虑人与道路环境的交流和融合；中速体验下的道路景观设计应以车行环境为主，考虑道路景观空间的组合形式和人的视觉感受；高速体验下的道路景观设计，应注重使道路景观在具有连续性的同时考虑形式的过渡。为了强调城市个性，要对道路景观的小环境的共性加以强化，赋予其地域文化特征，并对人们的共同行为习惯和行为准则予以考虑。由此，我们也能看出，在创造道路景观整体环境的过程中，要更多地考虑在变化中求得统一。

任务与实践

（1）实践任务

拟在市内某一商业区建一道路绿地，以改善城市居民的生活环境。

（2）成果与提交方式

设计图纸一套，设计说明书一份。

具体要求如下。

① 以植物种植为主，有层次变化，特点鲜明突出，布局简洁明快。

② 符合商业区道路绿地性质，充分考虑周边环境、行人的生理与心理需求，有独到的设计理念，特点鲜明，布局合理。

③ 图纸表现能力强，设计图种类齐全，线条流畅，构图合理，清洁美观，图例、文字

符合制图规范。

④ 说明书语言流畅、言简意赅，能准确地对图纸进行说明，体现设计意图。

任务四　文本编制阶段

文本编制阶段任务　掌握综合文本的制作方法与流程。

目标与要求　能够对城市道路景观设计方案进行归纳与整理。

案例与分析

以西安曲江二期为例讲解城市道路景观设计导则的编制，可扫描二维码查看具体内容。

西安曲江二期城市道路景观设计导则的编制

知识与技能

1. 城市道路景观设计文本编制规范

（1）可行性研究

可行性研究应以批准的项目建议书和委托书为依据，其主要任务是在充分调查研究、评价预测和勘察的基础上，对项目建设的必要性、经济合理性、技术可行性、实施可能性，进行综合性的研究和论证，对不同建设方案进行比较，提出推荐建设方案。

可行性研究的工作成果是提出可行性研究报告，批准后的可行性研究报告是编制设计任务书和进行初步设计的依据。

某些项目的可行性研究，经行业主管部门指定可简化为可行性方案设计（简称"方案设计"）。

可行性研究报告应满足设计招标及业主向主管部门送审的要求。

（2）初步设计

初步设计应根据批准的可行性研究报告进行编制，要明确工程规模、建设目的、投资效益、设计原则和标准，深化设计方案，确定拆迁、征地范围和数量，提出设计中存在的问题、注意事项及有关建议，其内容应能控制工程投资，满足施工图设计、主要设备订货、招标及施工准备的要求。

初步设计文件应包括：设计说明书、设计图纸、主要工程数量、主要材料及设备数量、工程概算。

（3）施工图设计

施工图应根据批准的初步设计文件进行编制，该文件应能满足施工、安装、加工及编制施工图预算的要求。

施工图设计文件应包括：设计说明书、设计图纸、工程数量、材料及设备表、修正概算或施工图预算。

施工图设计文件应满足施工招标、施工安装、材料设备订货、非标准设备制作的需要，据此作为工程验收的标准。

2. 编制文本目录及设计说明

（1）设计说明书

① 道路地理位置图

标志出道路在地区交通网络中的位置及沿线主要建筑物的概略位置。

② 概述

- 经批复的可行性研究报告，有关评审报告及设计委托书。
- 采用的规范和标准。
- 对可行性研究报告批复意见的执行情况。
- 需要说明的其他事项。

③ 现状评价及沿线自然地理概况

- 道路现状评价。
- 技术评价（交通量、车辆组成、路口交通流量与流向特征及路口、路段饱和度等）。
- 沿线（控制性）建筑，河流，铁路及地上、地下管线等情况。
- 水文、地质、气象等自然条件，如河流设计水位、流速、地下水位、气温、降雨、日照、蒸发量、主导风向、风速、冻深等。
- 工程地质资料。
- 地震基本烈度及对大型工程构筑物区域受地震影响程度的分析与评价。

④ 工程概述

- 工程地点、范围、规模、建设期限、分期修建计划。
- 规划简况：着重阐明设计道路、立交在规划道路网中的性质、功能、位置、走向，相交道路的性质、功能。
- 远期交通流量流向的分析，小时交通量的确定，荷载等级的确定。
- 主要交叉路口渠化处理方式，如选用立交，需阐明其必要性及选型依据。
- 如为改建道路，需说明原有道路情况，包括路面和路基宽度、路面结构种类及强度、交通流量情况、车速、排水方式、路面完好程度以及沿线行道树树种、树干直径等。
- 简述工程建成后的功能和效益：对道路网的影响，减少干扰、提高车速和服务水平的程度等。根据以上内容，阐明工程修建的意义。

⑤ 工程设计

- 道路规划情况：包括规划位置，规划等级，规划横断面，竖向规划，地上杆线、地下管线位置，主要交叉路口的规划。
- 技术标准与设计技术指标。
- 平面和纵、横断面设计原则及内容：包括道路位置、走向、平面控制点的确定，道路竖向设计的原则及控制因素，设计横断面布置形式，宽度和断面组合的确定与规划横断面和现有横断面（改扩建道路）的关系，现况和新建地上杆线、地下管线与设计断面间的平面与高程的配合原则。

- 远近期结合和近期实施方案。

- 纵、横断面设计方案比选。

- 沿线各种交叉设置方式方案比选，实施方案路口（含平面、立交）交通量、流向分析，交通组织和交通安全设施的设计原则及各部分的基本尺寸、主要设计参数。

- 路基、路面结构设计方案比选，实施方案确定的原则及内容，包括路基水温及土质、路基强度设计；路面结构类型及设计路面厚度的确定，包括荷载标准、计算方式、计算参数、结构组合、材料选择。利用旧路工程，需做旧路强度测定与技术论证。

- 桥梁、隧道及附属构筑物设计原则及内容：包括立交桥、过河桥、隧道、大型涵洞、过街设施、公交车停靠站、挡墙及交通工程设施。

- 道路排水方式选择的依据：排水设计频率的确定，方案比选，如为雨水泵站，应确定泵站位置、形式和构筑物标准。

- 附属工程：包括交通安全及管理设施工程、照明工程、绿化工程等。

- 沿线环境保护设施及评价。

- 新技术应用情况及下阶段需要进行的试验研究项目。

- 工程建设阶段划分。

- 设计配合：各类新建地上杆线、地下管线，沿线文物古迹，特殊建筑，相关单位（规划、业主、管理单位、县、乡、村）的联系配合。

- 存在的问题与建议：包括需进一步解决的主要问题和对下阶段设计工作的建议。

（2）工程概算

（3）主要材料及设备表

工程所需的全部主要材料及设备的名称、规格（型号）、数量，以表格形式列出。

（4）主要技术经济指标

（5）附件

可行性研究报告批复文件、勘测及设计合同、有关部门的批复以及协议、纪要等。

（6）设计图纸

- 平面总体设计图：比例尺为 1∶2 000～1∶10 000，包括设计道路（或立交）在城市道路网中的位置，沿线规划布局和目前重要建筑物、单位、文物古迹、立交、桥梁、隧道，以及主要相交道路和附近道路系统。

- 平面设计图：比例尺为 1∶500～1∶2 000（立交为 1∶200～1∶500），包括规划道路中线位置，红线宽度、规划道路宽度、道路施工中线及主要部位的平面布置和尺寸，拆迁房屋征地范围，桥梁、立交平面布置，相交的主要道路规划中线、红线宽度、过街设施

（含天桥和地下通道）及公交车站等设施，主要杆管线和附属构筑物的位置，等等。

- 纵断面图：比例尺纵向为 1：50～1：200，横向为 1：500～1：2 000，包括道路高程控制点及初步确定的纵断面形式和相应参数，立交主要部位的高程，新建桥梁、隧道、主要附属构筑物和重要交叉管线位置及高程。立交应包括相交道路和匝道初步确定的纵断面，如设有辅路或非机动车道应一并考虑。

- 典型横断面设计图：比例尺为 1：100～1：200，包括规划横断面图、设计横断面图、现状横断面图及三者间的关系，现况或规划地上杆线、地下管线位置，两侧重要建筑，路面结构设计图。

- 广场或立交口设计图：比例尺为 1：200～1：500，包括主要尺寸、形式布置、公交车站、过街设施、渠化设计、局部的竖向等高线设计图。

- 挡土墙、涵洞及附属构筑物图。

- 交通标志、标线布置图。

- 有关工程特殊部位技术处理的主要图纸。

- 桥梁、排水、监控、通信、供电、照明设施图。

文本编制阶段任务小结

要完成城市道路景观设计文本编制阶段任务，需要熟悉城市道路景观设计文本编制规范，能够对设计文本进行目录综述及设计说明。所以文本编制阶段的主要任务是掌握综合文本的制作方法与流程，并具备对城市道路景观设计方案进行归纳与整理的能力。

任务与实践

（1）实践任务

拟在市内某一商业街区建一处道路绿地，以改善城市居民的生活环境。

（2）成果与提交方式

- 对方案材料进行统计，编制设计文本。

- 小组自评，并对各成员的成果进行评分。

- 集体互评，各小组展示设计文本成果，并讲解作品。

扩展知识：
工匠精神和中华民族
造园的精湛技艺

项目三　城市居住区景观设计

学习目标		
知识目标	能力目标	素质目标
1.掌握解决城市居住区景观设计所面临问题的方法及城市居住区景观设计的分析方法与技巧 　2.掌握确定设计主题的方法 　3.把握设计风格的主流，权衡设计布局的组织形式，掌握设计定位的技巧与方法 　4.掌握城市居住区景观设计图纸表达的方法	1.具备场地勘测及文案组织能力，会归档设计文本资料 　2.掌握语言转换的技巧，具备演绎与推理的能力 　3.能够完成城市居住区景观设计方案组织 　4.具备景观设计的综合职业能力，能够完成设计图的汇总与编制	1.培养民族自信、文化自信，提高审美素养和人文素养 　2.培养在设计中传承和弘扬中华优秀传统文化的理念 　3.培养职业道德与职业素养，增强协同工作能力

　　项目概述：城市居住区景观由城市景观中的面状景观构成，除了设计地域面积增加之外，城市居住区景观设计还是城市广场景观设计与城市道路景观设计在场地应用上的综合体现。如果把城市景观比作美丽的项链，城市广场景观是珍珠，城市道路景观是贯穿项链始末的奢华丝线，那么城市居住区景观就是项链上的璀璨宝石。更为重要的是，居住区作为场所环境，是城市中最具区域代表性的环境。在强化城市景观设计工作的基础上，以城市广场和城市道路景观设计的知识与技能为依托，把城市居住区景观设计作为学习情境，旨在强化对城市景观设计技能的掌控，通过对居住区环境整体的把控性设计，掌握景观设计师的岗位职责，综合提高与展示景观设计师的职业能力。

↘ 任务与实施

　　任务——以景观设计师的职业能力培养为任务，具备景观设计师的综合职业能力，结合景观设计的方法，具备分析和评价景观设计优劣及解决主要设计矛盾的能力。

　　实施——各阶段的任务依次如下。

　　（1）准备阶段：了解城市居住区景观设计需要解决的基本问题是什么，正确认识景观设计师的综合素养。

　　（2）策划阶段：了解居住区景观环境的价值，创造出宁静且具有特色的城市居住区景观环境。

（3）设计阶段：发挥每一个景观要素的积极作用，实施城市景观设计，能够对设计进行纠偏和经济评估。

（4）文本编制阶段：整理设计方案图纸及说明文件，进行归纳与总结。

重点与难点

了解居住区景观设计的内容与技法，培养景观设计综合职业能力。

项目实训技能与成果

（1）能够综合应用设计的创意与表达方法。

（2）能够对设计进行纠偏和经济评估。

任务一　准备阶段

准备阶段任务　了解城市居住区景观设计需要解决的基本问题是什么，正确认识景观设计师的综合素养。

目标与要求　通过了解城市居住区景观设计需要解决的基本问题，具备城市景观设计项目综合分析与评价的能力。

案例与分析

通过前面的学习，我们知道城市景观设计是基于形象、功能和环境的设计，而对于城市居住区景观设计而言，除了形象、功能和环境的设计外，更注重规划与建筑、建筑与景观、景观与规划之间的协调关系，如苏州佳盛花园景观设计。

在苏州佳盛花园的设计中，景观设计与总体规划、建筑设计受到了同等重视，规划师、建筑师、景观师通过全局性构想，创造出了高质量的居住区景观环境。

（1）环境方面，竭尽所能创造出青山绿水中的宜居环境，开辟小区风道与生态走廊，合理利用阳光与阴影。

（2）户外活动方面，提供了充足的户外公共活动场地，并做到动态娱乐与静态休憩相结合，公共场地与私密场地并重，开敞空间与半开敞空间并重。

（3）景观形态方面，展现优美独特的现代都市田园景色。远山近水，争取每户都有景可观，绿满全景；以曲代直，还自然园林空间本来面目。

由此可以看出，居住区景观设计的难点是要求规划师、建筑师、景观师从一开始就同时介入，景观师从景观、绿化、户外活动需求的考虑出发，与规划师、建筑师随时交流，反复协调，提出更为理想的总体布局。

苏州佳盛花园中心区鸟瞰图

苏州佳盛花园景观绿化设计

知识与技能

1. 如何解决城市居住区景观设计面临的问题

景观设计需要综合考虑规划、建筑、环境等因素，要想设计出人性化的城市居住区景观，必须解决城市居住区景观设计面临的问题。

（1）如何明确城市居住区景观设计的目标

城市居住区景观设计首先要明确目标，明确目标的方法就是一切以住户的需求为出发点。城市居住区景观设计的基本目标应当是提升家庭与社区的生活质量。

城市居住区景观设计的目标主要有以下3点。

① 营造家园感

要营造家园感就应保证居住区环境卫生安全和生态安全，这涉及日照、通风、绿化、除尘等一系列基本的保证居民生理健康的要点。

② 营造花园感

要营造花园感就需要自然之声，如利用自然地形高度差制造出不同形式的流水——瀑布、叠水、涌泉、滴水，水声有大有小，水景有静有动，更能突显出居住区环境的静谧。居住区景观在整个城市景观中应是最安静的场所环境。

③ 营造归属感

让人安心、有归属感的居住区景观应该是原始性的景观，原始性的景观需要居住区有大量开敞性、生活性、质朴性的景观。

（2）如何确定城市居住区景观评价标准以及指标

如何确定评价标准以及指标，借以判断什么是好的居住区景观，什么是不好的居住区景观，什么才是人们向往追求的居住区景观，这是居住区景观设计要解决的第二大问题。从满足居住区景观使用要求出发，应该有3条基本的标准：一是安全，要有围墙和篱障，确保视线收放有秩、遮引有序；二是实用，具备居住区景观所需的功能，如绿化多、静谧、采光好、通风、活动场地多等；三是美观，居住区景观的美观包含很多内容，如诗情画意、文化内涵、艺术性等。

安全与居住区景观环境空间形态形象的问题有关，其中，视觉景观较为重要，涉及绿视率等问题；实用与住户行为活动的问题有关，住户在室外活动需要硬化场地，这就引出了"硬地率"的概念，建议将其控制在 15% ~ 30%；美观与功能、生态、社会与经济价值的综合平衡问题密切相关，居住区景观的空间布局的合理性、植物配置的科学性、文化符号的恰当运用等都是这条标准的具体体现。

总之，城市居住区景观设计评价是保证居住区景观质量的关键环节，除了这些基本标准和指标，还可以制定更多的细化标准和指标。标准可以各式各样，评分可以有高有低，但应以鼓励实用性、多样性、美观性为优先。

（3）如何在方案制订阶段把握居住区景观设计的关键

解决这一问题的关键是在居住区景观设计之初，建筑师、规划师、景观师要同时介入。以此为前提，居住区景观设计应当围绕着视觉形态、环境绿化、行为活动这 3 个方面展开。

居住区景观视觉形态最重要的特点是从内往外看，设计时要考虑每家每户从住宅向外看到的视觉景观效果。就外环境来说，要领是多做廊道，包括视觉通廊、环境走廊，这些廊道在居住区里通常是结合道路、自然的河流或者集中性的带状绿地而布局的。

在环境绿化方面，要多种乔木，多提供绿荫，多做立体绿化，最主要的是营造林荫密布的环境，从而保证居住区环境静谧安宁。环境绿化方面还包括通风场所及通道的处理，阳光、日照、朝向的处理以及地形的处理等。

在行为活动方面，应多配置各种类型的活动场地，场地可以是硬质的，也可以是软质的；场地不局限于地面层，可以立体架空，甚至可以位于屋顶。绿化也一样，需要立体化，屋顶花园、垂直绿化都是值得考虑的。需要注意的是，在居住区景观中，人群活动的密度不应太高，所以硬质景观及绿化景观应当是分散布局的。

整体布局的关键是充分考虑以上内容，当然还要同时兼顾城市规划和建筑的布局。在整个居住区景观设计过程中，与规划师、建筑师相比，景观师的强项是什么呢？我们认为是懂风、懂水、懂地形、懂植物、懂户外活动，这是景观师与规划师、建筑师在合作中要发挥的专长。

城市居住区景观设计通常可以分为 3 个阶段：第一个阶段是总体环境布局，第二个阶段是硬质景观设计，第三个阶段是绿化等软质景观设计。3 个阶段中第一个阶段最为重要，景观师要就此与规划师、建筑师反复交流。

（4）如何提高居住区景观的艺术性

提高景观艺术性的关键是突显其特色与个性，所以居住区景观设计不能千篇一律，应当有自己的特色与个性。

最理想的景观环境应该是人性化的，当今和未来的人性化中很重要的一点便是个性化，即每个住户喜欢什么样的景观，景观设计师就去设计什么样的景观，这是最理想的情况。在确定最基本的目标、标准、框架之后，再想办法去创造个性化、艺术化的景观，这就是我们关于居住区景观设计实践的追求。

2. 城市居住区景观设计的分析方法与技巧

（1）收集与整理资料

城市居住区景观设计工作所涉及的范围很广，包括整个城市的发展与规划条例，国家的发展政策、相关的规划法律，城市的生态系统、公共设施的安全，人们的健康状况和福利，交通状况、城市光照、安全规范、行为规范、噪声、尘土、车灯的干扰情况……这些都影响着城市居住区景观设计的分析与定位。

我们在做城市居住区景观设计之前，要熟悉和设计有关的规范和定额标准，收集、分析必要的资料和信息。

（2）明确设计任务和要求

接受设计委托。委托是客户的需求，委托方提出服务的内容、目的和要求。受托方接受委托后，双方达成协议，并形成文字性的委托合同。通过委托书及对资料的收集与整理，明确设计任务和性质，把握服务对象，掌握设计内容、设计目标、技术指标、项目的运行结果。对可行性报告进行分析，对项目特点进行了解等都需要我们做出详细的数据统计。只有明确自己的设计任务，才能知道应该做什么、应该怎么做，使自己的思路不跑偏。

明确设计的功能要求。在全面掌握具体要求后，应充分收集实现功能所需要的素材和资料，制订一个工作内容总体计划，拟定一个准确而详细的设计清单，这样才能把握工作内容和时间进度，保证设计工作的顺利进行，有效地对各个环节进行管理和监督。同时要了解设计规模，设计规模的大小直接影响我们对设计的安排，对设计规模大小的了解包括了解设计的范围、设计的功能要求、经营和管理的详细计划。

通过对现场资料的研究，对现场的基础设施、配套设备做详细的了解和记录，增加对空间的实际感受。

充分掌握设计的全部资料，以便做好详细的计划和安排。

（3）场地分析

场地分析是设计师做设计的依据，是指在场地调查之后对场地特征和场地存在的问题进行分析。只有了解场地的有利因素和不利因素，才能避免设计与场地不符。定位和评估场地的自然特征对景观的布局、构建方式影响极大。场地分析的内容如下。

① 植被

不同的自然环境有不同的生态系统，植被的生存环境与当地的自然环境有很大关系。植被的生长条件取决于土壤和气候，环境污染也会对植被的生长产生不同的影响。景观规划要根据当地的土壤条件而进行，在自然环境有利于当地植被生长的情况下，再配以人们需要的必备设施和人工环境，才能创造出有益于城市发展、社会发展、文化进步的人文环境景观。

② 地形

对地形的了解包括对场地所处的位置，场地面积，场地的形状，地表的起伏状况、走向、坡度，裸露岩层的分布情况等所进行的全面调查。

③ 环境气候

记录场地冬季和夏季的风向特征，了解环境气候的差异性。地域文化对人们的生活有很大的影响，生活在热带和亚热带的人们希望有较好的通风环境，所以景观规划就应注意布局开敞，夏季主导风向的廊道应架空处理，户外要有开敞的空间；而寒冷地带的城市环境则应采取集中的结构和布局，空间格局应封闭些，更重要的是注意防寒设施的建立。

④ 周边环境

景观及其周边环境的地形、地貌和植被等自然条件常常是景观设计师要考虑的内容，也常常是景观设计师倾心利用的自然素材。许许多多优美的景观，大都与其所在的地域特点紧密结合，通过精心的设计和利用，形成艺术特色和个性。

⑤ 场地尺寸

场地尺寸决定设计规模，规模决定设计的导向。如果场地不大，我们就应尽量将其设计得温馨而舒适，使人有亲切感，最大限度地满足人的需求；如果场地相对大些，在设计上就应大气，在设计理念上，不管是为了体现人气还是体现场地的气魄都应利用大气澎湃的景观。场地尺寸是通过测量获得的，基于此，我们也要记录建筑的特征，了解场地和建筑的排水位置、公共设施以及供电的情况，这样才能确定我们作业的范围和边界。

⑥ 原场地景观

了解原有的景观，考虑它是否能够被保留和利用，并分析它的优劣。

（4）人文环境分析

只有明确设计目的，才能明确我们该做什么；只有了解人们的需求，才能明白我们应该怎么做；只有清楚地知道自己的设计方向，才能准确地表达设计理念。景观的人文环境分析主要包括人们对物质功能、精神内涵的需求的分析，以及对地域群体的社会文化背景的分析等几个方面。人文环境的分析包括以下几个方面。

① 爱好倾向分析

爱好倾向分析包括分析人们喜爱哪种景观风格和类型，以及喜爱哪些植物，在运动方面有哪些喜好。

② 交通工具分析

研究人们使用什么交通工具便于我们在设计时确定停车场面积和自行车车位数量，也便于我们为地面铺装设计收集素材。

③ 人际交往分析

在设计景观的时候，我们必须了解现代人以什么方式进行交往，考虑是否设计读书角、交谈休息区、娱乐区、户外餐饮区等空间。

④ 服务需求分析

人们在场所进行一系列活动时，服务需求是必不可少的。服务需求分析包括分析垃圾箱的多少和间距，是否设立宠物玩耍的地方，等等。

⑤ 儿童活动区域分析

儿童活动区域所需的设施包括沙坑、秋千、滑梯等。

准备阶段任务小结

在城市居住区景观设计准备阶段，我们首先需要学习如何明确城市居住区景观设计的目标、如何确定城市居住区景观评价标准以及指标、如何在方案制订阶段把握居住区景观设计的关键、如何提高居住区景观的艺术性；其次，在居住区景观设计的准备阶段应更系统地掌握前期的准备工作，包括收集与整理资料、明确设计任务和要求，以及学会场地分析和人文环境分析的方法。通过本阶段的学习，学习者应具备对城市景观设计项目进行综合分析与评价的能力。

任务与实践

以附近一居住区为例，在调查当地气候、土壤和地质条件等自然环境和人文环境要素的基础上，分析该居住区景观设计的立意和规划布局，得出对该居住区景观设计优劣的自我见解。

（1）思考在居住区景观设计中，如何在经济与美观之间找到平衡。

（2）完成一篇关于居住区景观设计立意的分析报告。

任务二　策划阶段

策划阶段任务　综合考虑设计影响因素，完成城市景观设计的定位。

目标与要求　掌握城市景观设计的主题、风格与布局，具备城市景观设计定位的技能。

案例与分析　嘉怡别墅景观设计。

嘉怡别墅位于上海嘉定。该居住区的景观规划设计构思过程如下。

设计目标：具备一定品位和档次。

设计手法：运用艺术手段设计。

设计构思：结合普罗旺斯文化。普罗旺斯是法国一处盛产葡萄酒的地方，有深厚的历史文化，这种文化主要是乡土文化，即回归原始。设想把华贵的别墅、自然的环境、浪漫的生活和原始质朴的葡萄酒乡联系起来；此外，将这种生活进一步和艺术联系起来，与西方画家毕加索、雕塑家米罗、建筑师高迪联系起来，借以体现现代人的生活追求，因为现代艺术的本质是现代生活的体现。

设计风格与定位：该居住区的景观有体现高迪风格的建筑，有现代派的雕塑、绘画作品。但是，这并非意味着"全盘西化"，该居住区在景观设计的主体框架上还是中国传统的江南园林式，因为嘉怡别墅地处广义上的江南水乡，这一居住区景观还是参照苏式园林设计的。

综上所述，如果居住区景观要突出艺术性，就应当有自己的个性与特色。嘉定地处江南水乡，这是该项目基本的景观空间环境骨架，葡萄酒文化也好，艺术大师也好，这是一种外来文化的引进，而该居住区最终要体现的还是一种以自身特色为主的多元综合风格，这种特色化、个性化源自住户的需求，每一位住户需求不同，其所处的景观环境也应不一样。因此，在本项目中，每一位住户对应的景观都有特定的园林风格，其中有东方的，也有西式的。但是大的景观骨架、格局是东方的、具有中国特点的。

普罗旺斯的乡土文化

西方现代艺术

知识与技能

在城市居住区景观设计策划阶段，景观设计师需要通过设计草图对设计主题、设计风格、设计布局、空间布局和设计定位予以淋漓尽致的表达。

1. 关于设计主题的思考

主题是设计项目的中心思想，是为达到某种目的而表达的基本概念，是设计项目诉求的核心。主题是项目设计的脉络和主线，是处于第一位的决定性因素，始终主导着设计的全部活动，在很大程度上决定设计作品的格调与价值。

确立明确的主题是设计工作的先导，成功的设计必须有准确的设计主题和明确的设计方向。设计主题确立后，我们就可以根据主题进行创意构想，构想是否充满智慧、是否具有很深的文化内涵，直接关系到景观作品的优劣。以自己的生活体验和素材积累以及充沛的创作情感大胆想象，找到最佳的创意切入点，反复思索推敲，最终会产生一个卓越的创意构想。

2. 把握设计风格的主流

人类自古就憧憬美好的家园，园林是人们理想中的居住环境。从传统的古典园林到现代的居住区景观，都能反映出不同时期人们在精神审美和价值取向上的一致追求，即"建造人间的天堂"。因此，了解传统园林的设计脉络和西方现代景观设计流派的思想与手法对我们学习、研究现代城市居住区的景观设计风格有着重要的意义。

中式风格

在确定居住区景观设计风格时，景观设计师应与建筑师沟通互动。景观设计风格包括中式风格、欧式风格、日式风格等。

（1）中式风格

中式风格能反映国家及民族文化传统、地方特点和风俗民情。

中式风格崇尚自然，注重山水园林意

杭州西湖

象。其特点是自然式的园林风格，以园林建筑为主体，富于诗情画意并注重意境的创造。景观中的亭、台、楼、榭，小品中的石桌、石凳、藤架，水池中栽植的荷花等都是典型的中国景观风貌。

（2）日式风格

日式风格的形成与日本人的生活方式、艺术趣味以及日本的地理环境密切相关。日式风格以庭园闻名，日式风格的庭园特点是面积小却别致，旨在营造质朴、空灵的气氛，让人们在通透的庭园里吟诗、观赏园景。枯山水是日式风格的精华，实质上是以砂代水，以石代岛，用极少的构成要素达到极深厚的意蕴效果，追求禅意的枯寂美。典型的日式构园要素包括枯山水、樱花和墨松。

日式风格

日本茶庭：幻与寂的空间，以小见大，以尺寸之地展天地之阔

枯山水

（3）欧式风格

欧式风格包括意大利园景风格、法国园景风格和英国园景风格。

意大利园景风格融合了人文主义关于乡村生活的观点，结合地形形成独特的园林类型——台地园。台地园一般依山就势，分成数层，庄园别墅主体建筑常在中层或上层，下层为花草、灌木植坛，且多为规则式图案。意大利园景在规划布局上常常强调中轴对称，平面严格对称，并注重园林与自然风景的过渡，因此开阔视野、扩大空间而借景园外是意大利园景中常用的设计手法。

欧式风格

在格局严格对称的意大利园景中，泉水成为最活跃的造园要素。由于位处台地，意大利园景中的水景在不断跌落中形成丰富的层次。台地园的顶层常设储水池，有时以洞府的形式作为源泉，洞中有雕像或布置成岩石溪泉，富有真实感，并增添些许山野情趣。沿斜坡可形成水阶梯，在地势陡峭、落差大的地方则形成汹涌的瀑布。不同的台层交界处有溢流、壁泉等多种形式。在下层台地，利用水位差可形成喷泉，喷泉或与雕塑结合，或形成各种优美的图案和花纹。道路两侧修筑整齐的渠道，山泉在渠道里层层下跌，叮咚作响。渠道经常和雕塑、建筑小品结合，装饰大台阶和水池。

　　植物以常绿树为主，注重俯视角度下的图案美，以绿色为基调，很少用色彩鲜艳的花卉，给人以舒适宁静的感觉。

　　法国园景风格的显著特点是华丽宏伟。法国园景中严格的规则和严谨的几何秩序，使得建筑轴线能统治园林轴线并一直延伸到园外的森林中。法国园景风格的水景多为整形的河道、水池、喷泉等，在水面周围种植植物，布置建筑、雕塑，以取得倒影效果。植物配置广泛采用整形修剪的常绿植物，花坛、树坛图案精美，色彩多样，路旁和建筑旁多用整形修剪的绿篱、绿墙。

意大利埃斯特庄园

　　英国园景是以发挥和表现自然美为特征的自然风景园。园中有自然的水池、略有起伏的大片草地，草地之中的孤植树、树丛、树群均可成为园中一景。道路、湖岸、林缘线多采用自然圆滑的曲线，追求"田园野趣"；小路多不铺装，任游人在其上漫步或运动。园景

法国园景

英国园景

善于运用风景透视线，采用对景、借景手法，对人工痕迹和园林界墙均加以自然式处理隐蔽，并注重园林建筑小品的点缀和装饰。植物采用自然式种植，多以花卉为主。

我们了解了不同的设计风格后，在应用上不能照套照搬，而是要结合实际的环境特点，因地制宜，塑造出真正体现居住区高品质的设计风格。

3. 权衡设计布局的组织

（1）规则式布置

规则式布置又称几何式或对称式布置，这种形式主要来源于文艺复兴时期意大利台地园及19世纪法国勒诺特尔平面几何图案式园林。在18世纪之前，西方园林基本以规则式布置为主。这种景观布置形式的主要特点是整个居住区的规划平面上有明显的中轴线，中轴线上的内容可以多种多样，大多是整个环境景观的主景；各种节点小品往往设在轴线的起点、交点或终点；轴线上形成的广场也是主次分明的，形状为矩形、圆形等几何形。其他的主团式节点大多是依中轴线前后左右对称或平衡布置；道路多为直线、折线、几何曲线，由道路围合而成的园地也多呈规则的几何形态；遇到有高差的地形则形成阶梯式的台地石阶，其剖面多为直线式；居住区内部的水景外轮廓均为几何形，驳岸形式也多为人工规整式驳岸；有时在欧式风格居住区内配以古希腊雕塑等内容。植物中，大乔木等距行列种植，对称式布置；灌木多修剪成几何形，形成绿篱、绿墙；花坛多布置为色带图案模纹。

规则式布置采用的设计方法是轴线法，即以轴线的形式将景观中各要素、各节点组合起来。一般轴线法的布局特点是由贯通整个居住区的一条主轴线主导全园的景观要素及节点，这条主轴线一般情况下应是直的，另有与主轴线相交的若干副轴线。其他景观节点则设置在由主、副轴线派生出的支轴线上，或对称分布，或平衡分布。这种设计方法将使整个居住区给人庄重、开敞的感受。

规则式布置

（2）自然式布置

自然式布置又称作不规则式或风景式布置，这种形式来源于中国古典园林，被运用到现代居住区环境景观的设计中，同样崇尚"自然天成""依山就势""随高就低"的景观效果。自然式布置的特点为：道路呈曲折自然状分布，随地自然起伏、弯曲，规划中的广场形式也多为自然式轮廓；遇到山丘则依势造山，在平坦处也可构筑自然起伏、坡度和缓的微地形，地形的剖面是自然曲线形；水体则多为自然的小溪或湖池，采用卵石沙滩、草坡入水等自然驳岸；植物的种植方式多采用均衡布局，乔木、灌木多以孤植、丛植、群植、

自然式布置

密植等形式效法自然，讲究意境之美。

自然式布置采用的设计方法是山水法。其最大的特点是将人工造景和自然景色两者巧妙结合，达到一种"虽由人作，宛自天开"的效果，以山体、水系作为全园骨架，所有景观要素则围绕山水展开。在居住区用地内，能保留山体、水体实属不易，有些开发商为了追求利润最大化，不断提升建筑面积，将原有山体植被无限制地推平，使现在的居住区难见自然形态，所以山水法在现代居住区内难以实施。

（3）综合式布置

综合式布置也称混合式布置，指在整个景观规划设计中，既有规则式布置也有自然式布置，主要应结合地形考虑，在原地形平坦处根据需要安排规则式布置，在原地形起伏不平处形成自然式布置，在整个景观总平面中不形成占主导地位的主轴线、副轴线，采用的设计方法也是综合的。现代居住区景观设计中，为了使整个居住环境具有山水野趣，可考虑在特定区域模拟自然山水，而设计其他区域时则可采用轴线法。由于东西方文化的交流，现代景观设计手法呈现多元化特点，更加灵活多样，综合法成为现代居住区景观设计常用的方法。

4. 住宅小区的空间布局

（1）住宅小区空间布局的形式

住宅小区的空间布局，主要解决的是单个小区中院落空间的分布和设计问题。院落空间是小区空间的基本构成形式，它由建筑、围墙等实空间要素与透空花墙、栅栏、绿篱等柔空间要素或虚空间要素围合而成，独立于外界环境，是人为创造的小环境。不同的小区，因其地形、地貌、气候条件的不同，其所在地的经济、文化发展情况和地方传统、民俗特点的不同，而拥有不同的院落空间。小区的规划布局形式一般有两种，即小区 — 组团和独立式组团，与之相适应，小区院落群体常采用梯级院落组织形式，由宅前、宅间院落 — 邻里院落 — 组团院落 — 小区院落等逐级构成。由于小区用地规模、建筑层数和布局形式不同，梯级划分方式也不同，一般可按4级、3级或2级的级差来组织院落空间。

最基本的院落单元是宅前、宅间院落。低层住宅的宅间院落只服务数十户，多层住宅、小高层住宅宅间院落则可能服务近百户或一百多户，而高层围合的宅前、宅间院落可服务数百户乃至数千户，因而梯级院落组织形成和层数的关系很大。若干个低层住宅和多层住宅的宅前、宅间院落单元，构筑一个邻里院落单元；两三个邻里院落单元围合成一个组团院落单元；若干个组团院落单元组建一个小区院落。高层围合的院落，可以独立组成一个小社区；若以组团院落单元参与围合，几个高层组团院落单元则可组成一个大社区。

（2）院落空间

院落空间若是供一户所用，则是私用院落；若是供邻里单元及小区共用，则是公用院落（公共绿地）。

在我国传统民居中，围合院落是私用院落的主要形式之一。北京的四合院，四面围合，呈闭合状，对外封闭，对内开敞，正房与东、西厢房和南房，各有主次分工。傣族民居院落是另一种形式：以架空的竹楼（住宅）为中心，院内种植芭蕉、咖啡豆、柚子、柑橘等果树，竹林一片青翠，形成宅间的天然屏风，环境幽雅，恬静舒适，四周以栅栏围合成院，呈现虚包实的围合形式。

中国传统的家族宅院，常组合成套院的形式，有明确的轴线，以院落为单元，以巷、廊为纽带，形成院落组合系列，层层相套，虽是方形组合，然而极富韵味，统一中多有变化。大的宅子，有前庭、中庭、侧院以及后花园，通过房、廊和围墙来围合界定空间。现代住宅的私用院落在别墅和低层住宅中采用独院型布置，私用院落是低层住宅的特有优势，其给人以安定感，扩大了人的活动范围，可使人直接和自然接触。此外，庭院也是儿童、老人最喜欢的家庭活动场地之一。

私用院落的特殊形式——大阳台和屋顶花园，是专为住高层楼房的住户考虑的。这里虽然离开了自然的土壤，但仍可以使人与风和阳光直接接触。利用挑出的大阳台，复式建筑的屋面空间，用栏杆、女儿墙围合，既用以限定空间，又起安全保护作用。大阳台的朝向应为东或南向，这样早可观日出，晚可纳凉，日照条件好。大阳台应面向环境优美的一面，这样住户既可观景，又能呼吸新鲜空气。空中庭院可以用于低层住宅、多层住宅和高层住宅，其由于视环境高度不同，而呈现不同的观景效果。

公用院落是聚居形式的重要活动空间，不仅可供人们开展户外活动，而且是人们休闲交往的场所。公用院落的围合，从形式上看，类似私用院落的围合，但二者在空间尺度上却相差很大，前者是以楼为单位进行围合的。低层住宅楼每栋可容8～12户，多层每栋可容30～60户，而高层住宅每栋则可以容纳200户，不同体量建筑围合的院落，在空间尺度上可相差数倍乃至数十倍。低层住宅围合的小型院落，在空间尺度上有亲切宜人感，几十户相聚组成一个小的邻里院落单元；多层住宅围合的庭院，可容纳百户，用地比较宽敞，可以布置小型广场、绿地等；高层住宅围合的院落，被称为"中心绿地"。这3种院落用来表示不同尺度的围合空间。

（3）公用庭院围合的基本形式

① 单栋建筑的庭院围合

庭院和建筑相对应，或庭院包围建筑，建筑成为庭院中的"大型雕塑"，高层住宅、塔式建筑处于较为独立的地块时可用这一形式。如北京百环公寓为空旷式围合，单栋高层住宅共200余套房，属于外庭院包围单栋高层住宅的空间形式，采用楼周边开敞式绿地布置是必然的选择。

② 两栋建筑的庭院围合

两栋建筑前后并排围合，或呈曲尺形围合，组合成两端呈直角边式的半空旷式围合。

③ 三面建筑的庭院围合

中、左、右三面围合，形成拥抱状的稳定的三合院院落空间。

④ 四周建筑的围合

这种围合呈现封闭、稳定的特征。在建筑围合中，围墙、栅栏起到增强院落领域感的作用。如北京安慧北里居住区中的居住建筑采用了三面围合和四面围合的形式，有的独自成院，有的将两组、三组小院拼合成一个相互连通的大院落。

⑤ 多栋建筑的组合形式

多栋建筑的组合形式在低层、多层社区中运用得最广泛。一栋3~5层的建筑，一般可容20~60户，要组成一个200~300户的组团单元，常需组合多栋建筑。多栋建筑的组合形式分为以下几种。

• 行列式。这种形式在南方和北方都被广泛使用。其特点是特别重视建筑的朝向、通风和各户方位环境的均衡性。建筑按规定的日照间距，等距离成行成列布置，故人们形象地称之为"行列式"。这种形式比较简单，用地方整、紧凑，内部小路横平竖直，院落呈现两栋前后围合的半开敞布置，前后左右重复排列。有的住宅区，数十栋一律如此，如同"兵营"，显得有些单调。因而在布置时常采用局部L形排列、斜向排列、错动排列、与道路呈一角度排列或用点式建筑参与布局，使其变得生动、多样的同时，又保持了良好的朝向。

这种形式的住宅朝向、间距、排列方式较好，日照、通风条件较好，但是路旁山墙景观单调、呆板。绿地布局可结合地形的变化，采用高低错落、前后参差的形式，借以打破建筑布局的呆板、单调。

• 周边式。建筑沿着道路或院落周边布置的形式称为周边式。这种形式有利于节约用地，提高居住区建筑密度，形成完整的院落，便于公共绿地的布置，形成良好的道路景观，也能阻挡风沙，减少积雪。但这种形式有一重大缺点，那就是一些居室朝向差及通风不良，因此必须加以改良，即以四面围合的周边式为基形，组合成双周边式或半周边式。前者加密建筑，提高容积率，保留中心庭院；后者以南北向为主，加一东西向建筑，组成三合院落，或以两个凹形建筑对称拼合，组成中心院落。这两种形式，是在保留中心庭院的前提下，针对朝向和用地效率的改良。

• 异形建筑的组合布置。异形建筑是指建筑外形不规整的居住建筑，如L形、凹形、弧形、Y形等。用它们参与空间的围合，能形成更为丰富的空间组合形式。如L形相互组合，形成四边围合，两角自然通透；凹形使两栋建筑相对或平行组合，前者可形成中轴感强的方形内院，后者则可形成半周边式围合小院；弧形相对的行列布置，其效果和行列排列大不一样，空间内聚力强，明确地划分出内向和外向空间；Y形的组合则形成多边形的全围合或半围合形式。这些建筑形式的自身排列及与其他建筑组成的排列，可产生不同的空间效果。

• 散点式。结合地形，考虑日照、通风，将居住建筑自由灵活地布置，可使其布局显得自由活泼。建筑体量较小（多为低层住宅和多层住宅），长宽接近时，这类建筑形式常被称为散点式。在群体布置时，要想形成似围非围的流动的院落空间效果，在地形起伏变化的地段，更适合采用这种布置形式。

在实际规划设计中，多栋建筑的组合是根据不同的地区、地块、地形条件来进行的。

有时为追求空间变化而采用多样的围合形式，如半周边式和行列式的拼合，既可形成一个较大的院落，又不降低容积率；又如散点式和行列式的组合，不但能获得开敞宽阔的庭院，并且又多了一种房型可供挑选。

5. 掌握设计定位的技巧与方法

我们对所收集的资料（场地分析结果、人文环境分析结果、相关资讯）进行整理，根据掌握的信息进行可行性分析和研究，然后进行设计构思，以明确景观设计的定位。

景观设计不仅仅是设计，更是一种文化的体现，这是景观规划设计的最高境界。

景观设计不只是形式与功能的区域设计，作为一个区域文化建设的元素，更是推动人们实现理想的助推剂。所以设计主题定位就要根据区域的历史文化与时代精神，来实现区域空间环境与文化的延续，以便设计出区域历史文化与时代精神相融合的景观空间环境。

例如，中式风格定位可以先从设计思想进行考虑，包括儒家思想、道家思想等，以它们为代表的设计要点就是追求自然化、人性化和个性化。结合居住区景观设计来看，自然化就是要把自然融入居住区，人性化就是满足居住区内使用人群的内在需求，而个性化就是归属感的体现。

中式风格设计思想切入点如下。

儒家思想——儒家在处理建筑、人和环境的关系时，所倡导的"天人合一"的思想强调人与自然、社会环境的协调和统一。

道家思想——"道法自然"是道家哲学的核心，道家的思想方法和对世界本质的理解正是建立在"道法自然"这一观念之上，基于这一指导思想，景观设计的目标就是将个人的情感以恰当的方式表达出来。

民俗民风——民风世俗，亦即民间的生活习俗，它具有特定的意义。传统装饰吉祥图案也可以说是民俗的"人文景观"的体现。

我们可以通过对设计思想的提炼与升华找到景观设计的要点，从而全盘把握设计的核心与手段。

景观设计的要点如下。

儒家思想 — 自然化 — 把自然融入居住区 { 设计核心：生态、自然
设计手段：植物造景、山石、动物、水体

居住区设计定位首先是绿满全景，而不是一堆硬质铺装，住户花钱买到的应该是氧气、绿色，是植物因四季变换而丰富多彩的样子。

道家思想 — 人性化 — 满足内在需求 { 设计核心：满足内在需求，以人为本
设计手段：艺术化处理及空间内容设计

人性化的空间设计手段就是提供丰富的空间和丰富的内容以满足人们的行为活动需求。具体而言，人性化的空间设计手段就是要对空间进行艺术化处理，如运用不同的空间组织

手段，像台地空间、下沉空间、开放空间、动态空间等，以丰富空间设计，改善室外环境。丰富的内容设计其一是围合与屏蔽，即要有一种围合感与维护感；其二是界缘与依靠，因为人很多时候希望靠近身旁的一棵树、一堵矮墙或一栋建筑，这是人的天性。

民俗民风 — 个性化 — 找回归属感 $\begin{cases} 设计核心：找回归属感 \\ 设计手段：个性化设计 \end{cases}$

好的居住区景观设计除了为住户创造舒适的物质环境外，还应该考虑其社会功能对人们精神和心理的作用，这要求强化环境的识别性，融入空间意识的培育、深化对传统空间技巧的借鉴。

6. 完成草图构思表现

草图构思表现可以分两个阶段进行。第一阶段，根据调查和收集的基地环境材料进行归纳整理和分析，找出创意的突破口；第二阶段，定风格基调，找到设计点。

策划阶段任务小结

本阶段要求掌握城市景观设计的主题、风格与布局，能够综合设计因素完成城市景观设计的定位。同时，设计时要有全局观念，掌握必要的资料和数据，从最基本的人体尺度、流动线、活动范围、设施与设备、尺寸和使用空间设计等着手，具备进行城市景观设计定位的技能。总之，城市居住区景观设计策划阶段要求在做好一系列准备工作之后，在较高起点对设计进行思考和实践。

任务与实践

（1）分析一套城市居住区景观设计方案，探究其设计主题的确定及风格定位的确定。

（2）思考在设计中如何运用地方民族元素？

任务三　设计阶段

设计阶段任务　能够完成项目设计及项目详细设计图制作。

目标与要求　具备景观设计师的综合职业能力。

案例与分析

城市居住区景观设计的综合性较强，景观设计师需要归纳总结准备阶段及策划阶段的工作内容并将其予以综合表达。对城市居住区景观进行综合设计与表现是设计阶段要完成的任务。

以下以杭州三堡云峰家园景观设计为例进行讲解。

概况：云峰家园是农转居的经济适用房，规划总征地面积为 57 000 平方米，建设用地面积为 38 000 平方米，绿地面积为 13 300 平方米，该项目主要从经济性、实用性、美观性 3 个方面进行设计。

设计分两个阶段进行，第一阶段是项目设计阶段，第二阶段是项目详细设计阶段。项目设计阶段的设计内容包括小区总平面图、小区功能分析图、小区交通流线分析图、小区

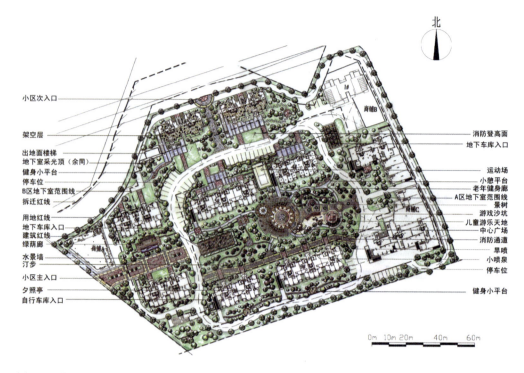

北

小区次入口
架空层
出地面楼梯
地下室采光顶（余同）
健身小平台
停车位
B区地下室范围线
拆迁红线
用地红线
地下车库入口
建筑红线
绿荫廊
水景墙
汀步
小区主入口
夕照亭
自行车库入口

消防登高面
地下车库入口
运动场
小憩平台
老年健身廊
A区地下室范围线
景树
游戏沙坑
儿童游乐天地
中心广场
消防通道
旱喷
小喷泉
停车位
健身小平台

商铺B
商铺C
商铺A

0m 10m 20m   40m   60m

云峰家园小区总平面图

● 休闲健身区　　● 老年休闲区　　■ 消防登高面

● 中心休闲区　　● 儿童休闲区

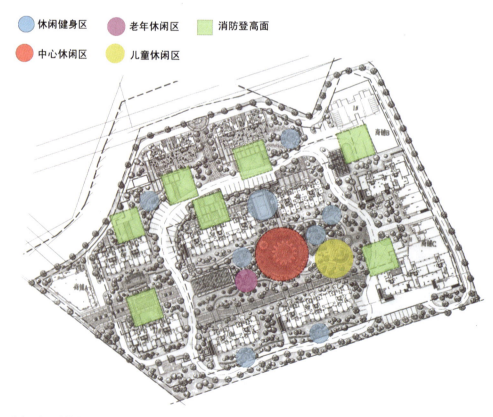

云峰家园小区功能分析图

云峰家园小区交通流线分析图

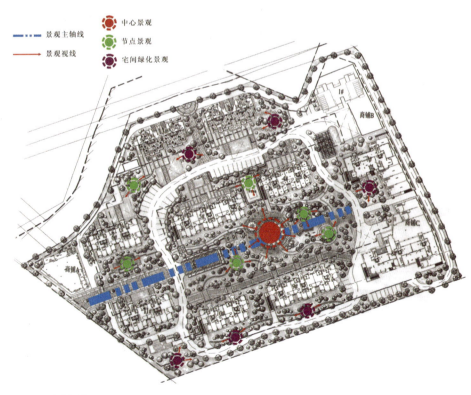

云峰家园小区景点分析图

云峰家园小区植物配置设计意向图

云峰家园小区地面铺装设计意向图

云峰家园小区小品设施设计意向图

中心广场景观鸟瞰图

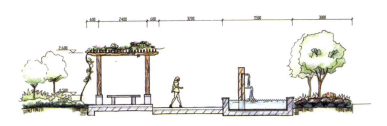

主入口水景墙设计剖面图

景点分析图、小区植物配置设计意向图、小区地面铺装设计意向图、小区小品设施设计意向图。项目详细设计阶段的设计内容有中心广场景观鸟瞰图及主入口水景墙设计剖面图等。

知识与技能

城市居住区景观设计方案的初步设计需要在进行资料分析、设计构思的基础上进行，初步设计阶段包括设计概念、主题、规划内容设定，轴线、流线与空间功能布局规划，主题思想与具体表现形式确定位。

设计成果内容应包括规划设计说明、景观规划总平面图、各类规划分析图（现状、交通、功能、绿化等）、各类效果图（总体鸟瞰图、重要节点透视效果图、剖立面效果图等）、各类设施示意图（铺装、环境设施、小品等）。设计师需完成的具体设计制作内容包括以下几个方面。

1. 总规划平面图设计制作

在这一过程中，设计师可以在研究自然和人工景观相互关系的过程中，互相启发思路和纠正错误。之后，组织者对各方面进行协调，并对提出的设计主题尽可能地进行完善，最终达成统一意见，绘制出总规划平面图。总规划平面图是主要表示整个建筑基地的总体布局，并具体表达新建房屋的位置、朝向以及周围环境基本情况的图样。总规划平面图的主要内容有：规划项目区的总体布局，用地范围，各建筑物及景观设施的位置、道路、交通等相互协调的总体布局。

2. 景观功能分区图设计制作

根据总体设计的原则、现状图分析结果，根据不同年龄段的游人活动规划，有不同兴趣爱好的游人的需要，确定不同的分区，划出不同的空间，使不同空间和区域满足不同的功能要求，并使功能与形式尽可能统一。

景观的功能分区对每个项目的景观设计都十分必要，例如，我们将一个公园分为入口广场区、水上活动区、安静游览区、文娱教育区、体育健身区等；将一个居住区的活动区分为入口活动区、中心活动区、亲子活动区等。

另外，分区图可以反映不同空间、分区之间的关系。功能分区图以性质说明为主导，可以用抽象图形对其予以表示。

3. 道路与交通分析图设计制作

居住区道路作为车辆和人员的汇流途径，具有明确的导向性，在满足交通需求的同时，可形成重要的视线走廊。道路两侧的环境景观应符合导向要求，道路边的绿化种植及路面质地、色彩应具有规律感和观赏性，并达到步移景移的视觉效果。

道路的设计要点包括以下几个方面。首先，应以居住区的交通组织为基础，在满足居民出行和通行要求的前提下充分考虑道路对居住区景观空间层次和形象特征的建构与塑造，以及对道路空间多样化使用的影响和作用。其次，居住区的道路布局应遵循分级布置的原则，与居住区的空间层次相吻合。应充分考虑周边道路的性质、等级、线型以及交通组织状况，以利于居住居民的出行与通行。再次，道路布局结构应考虑城市的道路网格局形式，使其融入城市整体的道路和空间结构中。最后，道路设置在规划中起支配和主导作用，在考虑道路的分级、道路走向、道路网布局、道路形式时，必须同时考虑住宅组群的空间组织、景观设计、居民的活动方式，同时也应考虑各个中心公共绿地的形态、出入口、面积大小等因素。

进行交通分析图的设计制作时，首先在图上确定场所空间的主要出入口、次要出入口和专用出入口，确定主要广场，主要环路，以及消防通道。同时确定主干路、次干路等的位置以及各种路面的宽度、排水纵坡，并初步确定主要道路的路面材料、铺装形式等。在图纸上用虚线画出等高线，再用不同的粗线、细线表示不同级别的道路及广场，并注明主要道路的控制标高。

交通分析图用于表示项目区域的交通道路分布状况是否达到人车合理分流的目的。交通道路分布主要根据项目的规模、位置以及人、车的日常行为规范等来确定。一般来说，景观规划设计中的交通道路有大型车辆专用的主干路、项目区域内的车行道以及用于休闲漫步的步行道。

4. 绿化种植设计意向图设计制作

根据总体设计图的布局、总体设计的原则以及苗木的情况确定整个项目的总构思。绿地即种植绿色植物的场地，还包括绿地上的活动场地、风景建筑、小品和步行小径等。我国城市居住区绿化率要求大约为30%。居住区绿地是城市绿地系统的重要组成部分，它在城市绿地中所占的比例较大，其布置方式直接影响居民的日常生活。

种植设计内容主要包括安排不同种植类型，如密林、草坪、树林、树群、树丛、孤立树、花坛、花境、路边树、水岸树、种植小品等；确定项目的基调树种、骨干造景树种，包括常绿、落叶的乔木、灌木，花草，等等。

5. 地面铺装设计意向图设计制作

地面铺装设计意向图可以使规划项目区域地面适应高频度的使用，避免雨天泥泞难走，给使用者提供适当范围的活动空间，通过布局和图案引导人行流线。

6. 景观设施设计意向图设计制作

景观设施设计意向图是对规划项目区域的公共设施，如垃圾箱、座椅、健身器材、公用电话、指示牌、路标等设计预期所达到的效果的基本图样。

7. 照明设计意向图设计制作

照明设施并不一定以多为好、以强取胜，关键是科学、合理、安全。灯光照明设计是为了满足人们的生理需要和审美需要，使景观空间最大限度地体现实用价值和欣赏价值，并达到使用功能和审美功能的统一。所以，照明设计意向图就是体现规划项目照明设计所需达到使用功能和审美功能统一的预期效果的基本图样。

8. 鸟瞰图设计制作

设计师为更直观地表达项目设计的意图，设计各个景点、景物以及景区的景观形象，并绘制鸟瞰图，通过钢笔画、铅笔画、钢笔淡彩画、水彩画、水粉画或计算机绘图形式对其进行表现。鸟瞰图设计制作要点如下。

- 无论采用一点透视、两点透视或多点透视，都要求鸟瞰图在尺度、比例上尽可能准确地反映景物的形象。
- 鸟瞰图应注意"近大远小、近清楚远模糊、近写实远写意"的透视法原则，以营造空间感、层次感、真实感。

9.节点（局部）效果图设计制作

节点（局部）效果图是详细设计的图样，能充分说明设计师的创意和设计意图，主要指主要景观、景点的三维效果图，使客户对方案中的各个景观节点或局部有具体直观的了解。

10.大样图设计制作

对于重点树群、树丛、林缘、水景、亭、花坛、花卉等，可附大样图。要将群植和丛植的各种树木、水景、亭等的位置画准，尽可能注明材料、尺寸等，并绘制出立面图，以便施工时参考。

11.设计总说明编制

设计总说明是对初步设计说明书的进一步深化，应写明设计的依据，设计对象的地理位置及自然条件，项目绿地设计的基本情况，各种项目工程的论证叙述，项目绿地建成后的效果分析，等等。

设计阶段任务小结

城市居住区景观设计阶段的任务包括总规划平面图设计制作、景观功能分区图设计制作、道路与交通分析图设计制作、绿化种植设计意向图设计制作、地面铺装设计意向图设计制作、景观设施设计意向图设计制作、照明设计意向图设计制作、鸟瞰图设计制作、节点（局部）效果图设计制作、大样图设计制作、设计总说明编制等。通过本阶段的学习，学习者能够完成项目设计及项目详细设计制作，具备景观设计师应具备的设计能力。

任务与实践

拟对一居住小区的景观进行设计。

（1）先确定整个居住小区景观设计的理念和主题，再确定各分区和景点的设计思路，各分区规划设计的思路要与小区的设计理念和主题相协调。

（2）比例尺自定。

（3）在景观植物设计中应尽量利用当地现有植物。

（4）设计制作总规划平面图2~3张，选取其中一张绘制效果图。

（5）设计制作景观小品的效果图一张，表现手法不限。

（6）完成不少于500字的说明。

任务四　文本编制阶段

文本编制阶段任务　完成设计的汇总与编制。

目标与要求　具备设计汇总与编制的能力。

案例与分析

下面以宁波亲亲家园景观设计案例文本的编制为例进行讲解。可扫描二维码查看具体内容。

宁波亲亲家园景观
设计案例文本编制

从案例可以看出，设计成果的提交就是把所有设计方案图纸以及相关说明文字如设计理念、设计手法、灵感来源等按顺序进行整理、归纳与总结，制作成文本的形式上交有关部门，供客户进行审核或者参加项目竞标。文本需针对主要项目的具体要求、规模等编制，基本没有固定的格式，只要能表达现方案的构思、设计创意以及可行性即可，但是，其主要内容应有封面、目录、设计说明、效果图、大样图、概算等。

知识与技能
1. 城市居住区方案组织的内容与成果

城市居住区方案组织的具体内容应根据城市总体规划要求和建设基地的具体情况确定，一般应包括选址定位、指标概算、拟定规划结构与布局形式、拟定各构成用地布置方式、拟定建筑类型、拟定工程规划设计方案、拟定规划设计说明及技术经济指标计算等。具体的规划设计图纸及文件成果包括现状及规划分析图、规划编制图、工程规划设计图以及形态规划设计意向图等。

城市居住区方案组织的内容与成果

（1）现状及规划分析图
- 基地现状及区位关系图：包括人工地物、植被、毗邻关系、区位条件等。
- 基地地形分析图：包括地面高程、坡度、坡向、排水等。
- 规划设计分析图：包括规划结构与布局、道路系统、公建系统、绿化系统、空间环境等。

（2）规划编制图
- 居住区规划总平面图：包括各项用地界线确定及布置、住宅建筑群体空间布置、公建设施布点及社区中心布置、道路结构走向布置、停车设施以及绿化布置等。
- 建筑选型设计方案图：包括住宅各类型平面图、立面图，主要公建设施平面图、立面图等。

（3）工程规划设计图
- 竖向规划设计图：包括道路竖向设计、室内外地坪标高、建筑定位、室外挡土工程、地面排水以及土石方量平衡等。
- 管线综合工程规划设计图：包括给水、污水、雨水和电力等基本管线的布置。在集中供暖地区还应增设供热管线，同时还需考虑燃气、通风、电视公用天线，闭路电视电缆等管线的设置或预留埋设位置。

（4）形态规划设计意向图
- 全区鸟瞰图或轴测图。
- 主要街景立面图。
- 社区中心、重要地段以及主要空间节点平面图、立面图、透视图。

137

2. 景观设计师的综合职业能力

什么是景观设计师的综合职业能力？怎样衡量与评估一个景观设计师的能力？景观设计师要有综合全面的专业能力素养，还要有职业能力素养。

（1）景观设计师的专业能力素养

通过对广场、道路、居住区景观设计的学习，一名成熟的景观设计师应具备如下专业能力。

① 接受设计任务、前往基地踏勘并收集有关资料

建设项目的业主（俗称"甲方"）一般会邀请一家或几家设计单位进行方案设计。

设计方（俗称"乙方"）在与业主初步接触时，要了解整个项目的概况，包括建设规模、投资规模、可持续发展等方面，特别要了解这个项目的总体框架方向和基本实施内容。把握住了这两点，规划总原则就可以正确制定了。

另外，业主会选派熟悉基地情况的人员，陪同总体规划师至基地踏勘，收集规划设计前必须掌握的原始资料。

这些资料包括以下内容。

- 所处地区的气温、光照、季风风向、水文、地质土壤（酸碱性、地下水位）。
- 周围环境、主要道路、车流及人流方向。
- 基地内环境，湖泊、河流、水渠分布状况，各处地形标高、走向等。

总体规划师结合业主提供的基地现状图（又称"红线图"），对基地进行总体了解，对较大的影响因素做到心中有底，以便今后做总体构思时，针对不利因素加以克服和避让，针对有利因素充分地合理利用。此外，还要在总体和一些特殊的基地地块内进行摄影，以便加深对基地的感性认识。

② 初步的总体规划构思及修改

在基地现场收集资料后，就必须立即进行整理、归纳，以防遗忘那些较细小的却有较大影响的环节。

在着手进行总体规划构思之前，必须认真阅读业主提供的设计任务书（或设计招标书），其中详细列出了业主对建设项目的各方面要求。在这里，还要提醒刚入门的设计人员：要特别重视对设计任务书的阅读和理解，要多看几遍，充分理解，"吃透"设计任务书的"精髓"。

在进行总体规划构思时，要对业主提出的项目总体定位做一个构想，并将其与抽象的文化内涵相结合，同时必须考虑如何将设计任务书中的规划内容融合到有形的规划图中去。

通过草图确定一个初步的规划轮廓，然后将草图与收集到的原始资料相结合，以便对其进行补充、修改。逐步明确总平面图中的入口、广场、道路、湖面、绿地、建筑小品、管理用房等各元素的具体位置。经过修改，整个规划在功能上趋于合理，在构图形式上符

合园林景观设计的基本原则：美观、舒适（视觉上）。

③ 方案的第二次修改与图文的包装

初次修改后的规划构思，还不是一个完全成熟的方案。设计人员此时应该虚心好学、集思广益，多渠道、多层次、多次数地听取各方面的建议，不但要向老设计师们请教方案的修改意见，而且还要虚心向中青年设计师们讨教。多汲取别人的设计经验，并与之交流、沟通，往往更能提升整个方案的设计水平。

对于大多数规划方案，甲方在时间要求上往往比较紧迫，因此设计人员特别要注意规避两个问题。

第一，只顾进度，一味求快，最后导致设计内容简单枯燥、无新意，图面质量差，不符合设计任务书的要求。

第二，过多地更改设计方案构思，花过多时间、精力去追求图面的精美包装，而忽视规划方案本身的质量。这里所说的质量的评估标准包括规划原则是否正确，立意是否具有新意，构图是否合理、简洁、美观，规划是否具有可操作性，等等。

现在，图文的包装越来越受到业主与设计单位的重视。整个方案全都定下来后，图文的包装必不可少。

将规划方案的说明、投资匡算、水电设计的一些主要节点，汇编成文字部分；将规划平面图、功能分区图、绿化种植图、小品设计图、全景透视图、局部景点透视图，汇编成图纸部分。文字部分与图纸部分结合，就形成一套完整的规划方案。

④ 业主的信息反馈

业主拿到规划方案后，一般会在较短时间内给予答复，提出一些调整意见：包括修改、添删项目内容，投资规模的增减，用地范围的变动，等等。针对这些反馈意见，设计人员要在短时间内对规划方案进行调整、修改和补充。

现在各设计单位计算机出图率已相当高，因此局部的平面调整还是能较顺利地按时完成。而对于一些较大的变动，或者总体规划方向的大调整，则要花费较长时间进行修改，甚至推翻重做。

设计人员如能认真听取业主的反馈意见，积极主动地完成方案调整，会赢得业主的信赖，这对今后的设计工作起到积极的推动作用；相反，设计人员如马马虎虎、敷衍了事，或拖拖拉拉，不按规定日期提交方案，则会失去业主的信任，甚至失去这个项目。

一般方案调整的工作量没有方案制订的工作量大。方案调整工作大致需要一张调整后的规划总图和一些必要的方案调整说明、匡（估）算调整说明等，但这些内容却很重要，以后的方案评审会以及施工图设计等，都是以调整后的方案为基础进行的。

⑤ 方案评审会

有关部门会组织专家评审组，集中一天或几天时间，召开方案评审会。出席会议的人员除了各方面专家外，还有建设方领导，市、区有关部门的领导以及项目设计负责人和主要设计人员。

作为设计方，项目设计负责人一定要结合项目的总体设计情况，在有限的时间内，将项目概况、总体设计定位、设计原则、设计内容、技术经济指标、总投资估算等诸多方面的内容，向领导和专家们做全方位汇报。项目设计负责人必须清楚，自己了解的项目情况，领导和专家们不一定都了解，因而，在某些环节中要尽量介绍得透彻、直观一些，并且介绍时一定要具有针对性。在方案评审会上，宜先将设计指导思想和设计原则阐述清楚，然后再介绍设计布局和内容。两者应相辅相成，缺一不可。

方案评审会结束后几天，设计方会收到打印成文的专家组评审意见。项目设计负责人必须认真阅读意见，对每条意见都应该有明确答复，对于特别有意义的专家意见，要积极听取，立即落实到方案修改稿中。

⑥ 景观设计师的施工配合

设计的施工配合工作往往会被人们忽略。其实，这一环节对景观设计师、工程项目本身是相当重要的。俗话说，"三分设计，七分施工"。使"三分"的设计充分融入"七分"的施工，产生"十分"的景观效果，这就是景观设计师施工配合所要达到的目的。在施工现场，景观设计师要尊重业主的要求，施工单位要配合景观设计师的要求，监理单位要为业主服务，承担监督施工单位的任务。

（2）景观设计师的职业能力素养

一名合格的景观设计师除了能够出色地完成景观设计流程项目任务之外，还应该具备出众的职业能力素养。

① 团队精神

景观设计师应具有高度的社会责任感和高尚的社会伦理道德，注重不同学科知识和技能的融合，培养设计中的综合能力。

景观设计师还应具有守纪、尊重、协作的精神。每项设计与工程案例，都受到经济、材料、经营、基础条件等多种因素的制约。设计与工程案例是一种集体行为，成功的景观设计师应是成功的合作者。

说到合作，就不得不提到团队，设计阶段的团队分工与合作比较复杂，对于整个景观设计的影响也是决定性的。就如同一部电影的制作过程一样，景观设计的全过程也需要所有的"演职人员"通力合作。无论景观设计师们的起点在哪里，其终点都应该是一致的。

② 良好的沟通与表达能力

设计行业流行的一句话是"好设计是交流出来的"。在设计伊始，景观设计师与业主初步交流，了解业主的意图，然后与总监进行交流，确定方案的方向与结构，接着与同事交流，确保细节设计的亮点与合理性，再与业主交流……可以说，围绕设计进行的沟通与表达是贯穿项目始终的，而一个景观设计师也正是在这一过程中逐步走向成熟的。

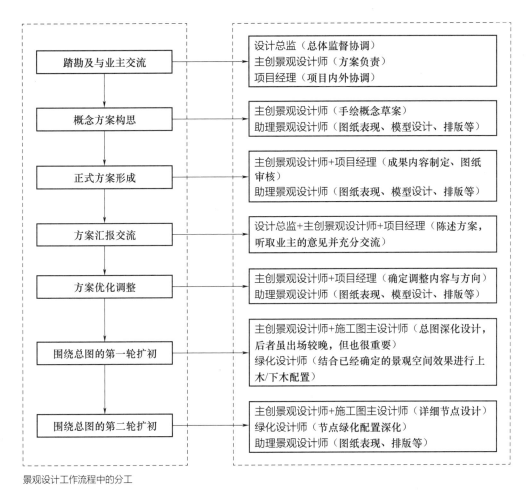

景观设计工作流程中的分工

文本编制阶段任务小结

本阶段主要介绍城市居住区方案组织的内容与成果以及景观设计师应具备的综合职业能力。通过本阶段的学习，学习者不但要能够完成城市景观设计的汇总与编制工作，还应具备景观设计师的专业能力素养和职业能力素养。

任务与实践

（1）任务目标

选择校企合作的项目或以下项目中的一项进行实践。

- 对某校园景观进行改造设计。
- 对某广场景观进行改造设计。
- 对某步行街景观进行改造设计。
- 对某居住小区景观进行改造设计。

完成文本编制。

（2）实施方式

以5~10人为一个小组，自行制订计划，并组织达成实践目标。

扩展知识：
民族传统文化在居住区的景观设计体现

（3）具体安排

各小组分工合作，分步骤完成以下各项任务。

- 进行勘察，收集相关资料。
- 对地理位置和人文资料进行分析，对项目基地现状进行分析。
- 对地面铺装材料进行市场调查。
- 绘制地面铺装现状分析图。
- 绘制地面铺装平面布局图。
- 绘制各种方案表现图纸并且写出设计说明。

（4）方案设计图纸制作要求

- 方案设计草图用手绘表达。
- 总平面图、现状分析图、交通分析图、植物种植设计图、功能分区图、景观结构分析图、竖向设计图、鸟瞰图、区域/小品透视图、公共设施示意图、设计说明等用PS表达。

（5）成果提交

- 用PPT进行课题答辩并讲解作品。
- 用展板的形式在教学楼展厅展出作品。
- 制作完整的规划设计文本。

（6）成绩评定

- 各小组派一名成员进行PPT演示，进行完整的规划设计陈述。
- 各小组展示规划设计文本，互相观摩学习。
- 各小组组长、教师以及校外实训基地代表共同对各组进行评分。教师综合小组评分后，对每个同学进行评分。

03

第3篇　城市景观设计案例欣赏篇

扩展知识:
正确处理生态资源、景观
环境、协同发展之间的关系

　　本篇精选城市景观设计领域的经典案例，围绕城市广场景观设计、城市道路景观设计及城市居住区景观设计三大类型展开分析。本篇系统梳理实际案例，旨在帮助读者在掌握城市景观设计基础理论的前提下，深入理解设计形式与内容的实践应用。每个案例将重点提炼设计理念，为读者提供可借鉴的设计思路与方法，从而提升读者的自主设计能力。

学习目标		
知识目标	能力目标	素质目标
1. 城市广场景观设计优秀案例赏析 2. 城市道路景观设计优秀案例赏析 3. 城市居住区景观设计优秀案例赏析	赏析实际案例，能够整理、归纳、分析城市景观设计之精华，具备举一反三的能力	1. 树立正确的绿色发展理念，培植人与自然和谐共生的生态发展观 2. 增强文化自信 3. 厚植可持续发展理念

项目一　城市广场景观设计案例赏析

1. 卡戎兄弟广场

项目概况：规划用地面积1 800平方米，城市广场。

位置：加拿大蒙特利尔。

设计者：阿弗莱克·德拉里瓦建筑事务所。

完成时间：2009年。

卡戎兄弟广场是以麦吉尔街道为中轴线分布的公共空间网络的一部分。该地区有建造风车的历史传统，该项目通过设计风车造型的观景楼，种植植物，试图以全新的视角加深公众对广场历史的记忆和认知。

获奖情况：2009加拿大景观设计师协会优秀奖。

设计理念解析

（1）沿袭历史，开拓创新

17世纪，卡戎兄弟在这片湿地上建造了一架风车，广场上的现代城市景观设计灵感来源于此。该项目采用一种简单而精致的方式，用最少的建筑要素进行设计，以圆形和圆柱体为主要构图要素，设计广场中心花园。

（2）单体建筑设计

广场中心花园边缘修建了一栋风车造型的观景楼——俯视时类似一个圆形的风车造型，正视时是一个圆柱体，其和圆形的构图要素紧密结合。

（3）植被种植设计

广场中心花园种植野生植物，是一个充满野趣的花园。这种设计不仅减少了日常维护和灌溉的需求，而且给繁忙的城市增添了趣味性，缓解了人们焦躁的心理，为人们提供了放松心灵的场所和氛围。

（4）灯光设计

广场利用灯光的变化，模拟四季变换的感觉，充满趣味性和观赏性。

鸟瞰图

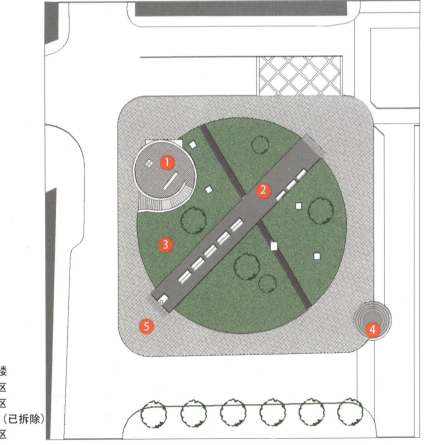

1.观景楼
2.休憩区
3.种植区
4.风车（已拆除）
5.铺装区

总平面图

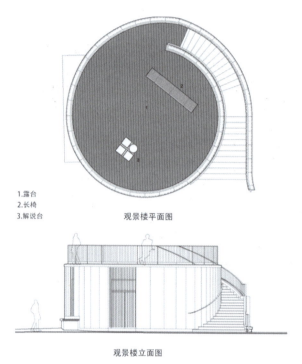

1.露台
2.长椅
3.解说台

观景楼平面图

观景楼立面图

观景楼平面图和立面图

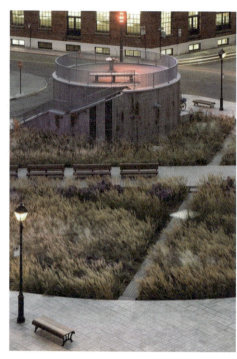

观景楼和种植野生植物的广场中心花园

灯光效果

2. 莱顿中央车站广场

项目概况：规划用地面积100 000 平方米，废弃站前广场改造。

位置：荷兰莱顿。

设计者：麦克斯万建筑＋城市规划事务所。

完成时间：2010年。

莱顿中央车站广场将废弃的车站区域改造成一个生机勃勃的高密度街区，从而强化南部旧城市中心和北部生物科技区的联系。全新的增强型道路连接让行人和自行车可以在街面上自由穿行，在不受汽车和有轨电车等的影响下到达两侧的车站。之前的站前广场缺乏特色，周围的建筑毫无个性，不能与公共空间紧密地结合在一起，这使得广场只具有基本的功能，即用于停放公交车、出租车和自行车。新的站前广场将利用新建筑让空间充满特色，结合建筑的功能，同时提供城市活动项目，为空间增添活力，为来到莱顿的游客营造一种热情洋溢的生活氛围。

设计理念解析

为了实现旧城市中心到新的高密度街区的自然过渡，设计师进行了精心设计。由于火车站是一种特殊的建筑类型，原来周边的建筑种类和数量都比较少，功能也比较单一。于是该项目新增了许多建筑，包括国际公司、购物中心、电影院、先进的停车场所和新的公共交通枢纽。增加这些具有实用性的建筑，使广场的功能性和实用性增强了。

总平面图

鸟瞰图

（1）道路设计

该项目通过将道路设计成一个步行网络，引导游客的游览路线，拓宽游客的视野，增加游客的逗留时间，大大增强了广场的吸引力。随着道路的改变，周围的新建筑在体量和造型上也发生了变化，以配合空间的特色变化。

（2）单体建筑设计

广场新增的单体建筑的设计变化极具特色。该项目将高度变化、退让关系、采光效果、顶部造型变化、基座造型变化及游客的视觉感受都考虑到了，并进行了相应的单体设计和总体布局设计，增强了空间的趣味性和变化性，减少了建筑对人的压抑和限制。

（3）细部空间设计

广场上的细部空间设计丰富、富于变化，且实用性强、舒适性高。许多空间是由多种功能区组合形成的，这样既增强了景观的观赏性，又使得场地设计紧凑、利用率高。

步行网络

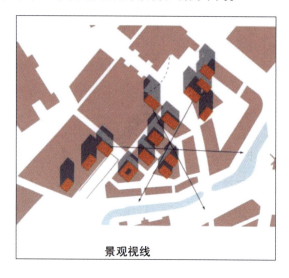
景观视线

道路布置分析

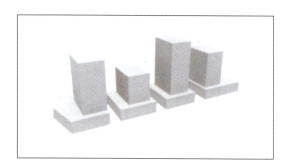

周边单体建筑体量分析

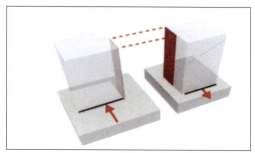

建筑顶部造型

建筑底部造型

单体建筑造型特色分析

休闲小空间——座椅

楼间的过渡空间布置

拥有舞台、座位、娱乐设施的综合空间

3. 意大利马尔萨拉火车站区域广场

项目概况：规划用地面积28 700平方米，为翻修工程。

位置：意大利马尔萨拉。

设计者：A3+事务所，卡罗林·克劳斯。

完成时间：2009年。

获奖情况：火车站区域翻修工程国际竞赛三等奖

该设计创造的新空间设置了大量清新的悬垂绿色空间，整个结构由金属方形网格打造而成。细长的柱子让人想起森林，柱子之上是密实的金属网结构，上面爬满藤蔓植物。这样一来，绿化不仅仅是体现在外部表面上，而是真正形成了绿化立体结构。广场的内部并没有连接点，内外部通过空间的延续性和功能性达成统一。

总平面图

设计理念解析

广场设计的一大难题就是既要有开敞通透的硬质铺装空间，又要适当地种植绿色植物，以美化环境和遮阴。只有解决了这个难题，才能使广场兼具美观性与实用性。该设计为解决这个难题进行了有效的探索和尝试，将绿色植物悬垂在地面之上，这样既保证了开敞的使用空间的通透性和广场交通的延续性，又提高了绿化覆盖率，创造了优美的景观和宜人的环境。

（1）悬垂绿色空间内部的布置

在悬垂绿色空间内部还可以进行景观布置和空间划分，这与常规的广场设计类似，比如进行园路的划分、设置景观小品（如雕塑、长廊等）。内部可以多设置一些休息空间，尤其是在炎热的夏季，空间舒适性会大幅提升。即使在冬季，悬垂绿色空间也因为本身采用金属网架，并非封闭空间，依旧能够让阳光投射进来。

悬垂绿色空间内部的布置（一）

悬垂绿色空间内部的布置（二）

悬垂绿色空间内部的布置（三）

（2）悬垂绿色空间的设计过程

在悬垂绿色空间的设计过程中，对材料的选择需要特别重视。首先，金属材料要耐氧化风化、耐日晒雨淋，并且宜为轻型材料。其次，应选择生长速度较快，无飞絮、少虫害的植物种类，且应该根据花期的不同而进行植物配置，以增强植物的观赏性。

悬垂绿色空间方案本身的设计过程并不复杂，但是这种概念难能可贵，具有创新精神，在广场设计中探索出了新的方向与内容。当然这种设计还是有地域局限性，比较适合炎热地区，对于寒冷地区而言并不适合。

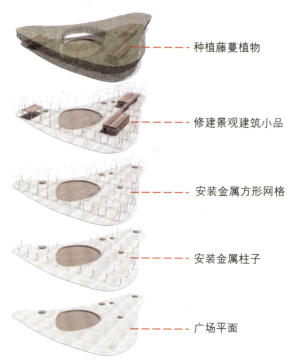

种植藤蔓植物

修建景观建筑小品

安装金属方形网格

安装金属柱子

广场平面

悬垂绿色空间的设计过程

项目二 城市道路景观设计案例赏析

1. 巴塞罗那格兰大道

项目概况：规划用地面积250 000平方米，全长2 500米，宽100米，城市道路景观设计。

位置：西班牙巴塞罗那。

格兰大道是1876年所做的巴塞罗那城市扩展规划当中的主要道路之一，也是最具历史意义的一条大道。但是它从格勒瑞广场向东便变成了一条穿越城市的城区高速公路。随着人口数量的增加，其周围的居住区也在不断地增加，高速公路上繁忙的交通带来的污染，严重影响了附近居民的居住质量，也为城市发展带来了问题。因此该项目是将格兰大道改造成城市道路。设计方法为在大道中间置入一个线性公园，将原本分离的道路两边重新联系起来，也为道路增强观赏性。

设计理念解析

（1）线性公园设计

该项目在道路的设计上，将原有道路改成上下两层横向布置，以拓宽道路。从视觉的角度来说，道路有空旷感和疏离感。因此在道路两边设计连续的线性公园，使道路形成紧密联系的网络，这样大大增强了空间的亲切感，同时也增强了空间的实用性，为附近居民提供了休闲娱乐的场所，也净化了空气、美化了环境。

线性公园由三角形绿化斜坡和一系列的广场组合而成，平坦的公共广场与住宅建筑处于同一水平面，斜坡围绕着广场勾勒出广场的轮廓。此种形状的绿地布置形式，在长达2 500米的道路上显得富于变化、不单调。

（2）种植设计

原有道路是高速公路，因此道路两边种植的主要植物选择白杨树。白杨树因其适应能力很强，常用作道路绿化，最主要的作用就是防风固沙、保持水土。白杨树外表挺拔、干净，有一定的观赏价值。白杨树种植在三角形绿化斜坡上，下植草本植物，以营造立体的绿化效果。

整体鸟瞰图

（3）景观小品设计

　　因为道路长2 500米，为了营造持续的绿化景观效果，追求简洁大方的视觉效果，线性公园的设计不论是造型方面还是植物种类方面的变化都不是很多。但是要提升绿化景观的品质和使用舒适性，必须从细部入手，加强设计。格兰大道沿途线性公园内的景观小品极具特色，无论是造型还是颜色，都是经过精心设计的。不同的景观小品，营造出不同地段的景观特色，使过长道路沿线的沉闷被打破，它们富于变化，也便于使用。

局部鸟瞰图

三角形绿化斜坡与广场的结合（一）

三角形绿化斜坡与广场的结合（二）

线性公园种植设计（一）

线性公园种植设计（二）

线性公园种植设计（三）

景观小品（一）

景观小品（二）

景观小品（三）

2. 天津市西青区张家窝镇道路绿化设计

项目概况：全长1 200米，城市道路景观设计。

位置：天津市西青区张家窝镇，位于天津市西南部。

设计理念解析

（1）设计方法

此设计主要包括两个路口设计。主路口节点是进出张家窝镇的门户所在，路口四角设计以开敞形式为主，绿化设计配合场地及道路走向，曲线布局活跃整个路口的设计，并在路口四角点缀景观灯柱，使夜景效果更加理想，同时也满足竖向设计的需求。次路口的设计采用对称均衡式的布局，栽植方式为复式栽植，形成丰富的景观层次。

（2）道路的植物配置

道路的植物配置首先应考虑交通安全，能有效地协助组织人流的集散，同时发挥在改善城市生态环境和丰富城市景观方面的作用。道路绿化不仅美化了环境，同时也避免了司机疲劳驾驶，提高了驾驶的安全性。

① 城市快速路的植物配置

通过绿地连续性种植或树木高度位置的变化来预示或预告道路线性的变化，引导司机安全操作；根据树木的间距、高度与司机视线高度、前大灯照射角度的关系种植，使道路亮度逐渐变化，并防止眩光。种植宽、厚的低矮树丛作为缓冲带，以避免发生车祸时车体和司机受到严重损伤，并且防止行人穿越。

十字交叉路口的绿地要服从交通功能，不应种植遮挡视线的树木，以保证司机有足够的安全视距；应以草坪为主，点缀常绿树和花灌木，适当种植宿根花卉。

② 分车隔离绿化带

分车隔离绿化带指车行道之间的绿化分隔带，其中，位于上、下行机动车道之间的为中间分车绿化带，位于机动车道与非机动车道之间或同方向机动车道之间的为两侧分车绿化带。分车隔离绿化带上的植物配置除考虑到增添街景的作用外，还要满足交通安全的要求，不能妨碍司机及行人的视线。该设计中的分车隔离绿化带采用流畅曲线的形式，与商业街铺装步道形式及绿化带甬路形式相呼应，植物种类采用高度不超过70厘米的常绿的小龙柏、金叶女贞，配以丰花月季，以丰富色彩变化，并且结合黄杨球和海棠，以在形式上满足设计要求。

③ 行道树绿化带

行道树绿化带指人行道与车行道之间种植行道树的绿化带，主要能为行人庇荫，同时能起到美化街道、降尘、降噪、减少污染的作用。行道树的种植注意乔、灌草结合，常绿与落叶、速生与慢长品种结合；乔、灌木与地被、草皮结合，适当点缀草花，构成多层次的复合结构，形成当地有特色的植物群落景观。

该项目沿线的行道树绿化带主要分为两种情况进行不同的设计。

第一，居住区前绿化设计。沿路两侧背景皆为密植树丛，栽植注重层次，甬路采取遮挡密植。南侧居住区前设计了场地，使绿地内容更容易使人停留，营造了自然的休闲环境。绿化设计以国槐为背景，中、前景突出比较丰富的栽植变化，以北京栾搭配樱花为中景树种，前景搭配榆叶梅、紫叶矮樱、碧桃等春花植物，丰富色彩，并以山桃强化路口景观。

第二，商业街前绿化设计。不同于居住区绿化栽植设计，商业街前设计了铺装场地及小品，在功能上结合商业街的特点，适于人停留及通行。植物栽植品种丰富、层次清晰、注重形式感。

（3）植物品种选择

行道树是道路绿化的最基本的组成部分。树种选择的一般标准为树冠冠幅大、枝叶密；抗性强（耐贫瘠土壤、耐寒、耐旱）；寿命长；深根性；病虫害少；耐修剪；落果少或者没有飞絮；发芽早，落叶晚。同时，树种选择要能体现出浓郁的地方特色和道路特征。

（4）景观小品及设施设计

景观小品及设施的合理布置将会起到画龙点睛的作用，充分体现出设计区域的人文精神及历史传承氛围，并增强设计区域的实用性。

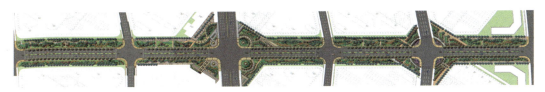

总平面图

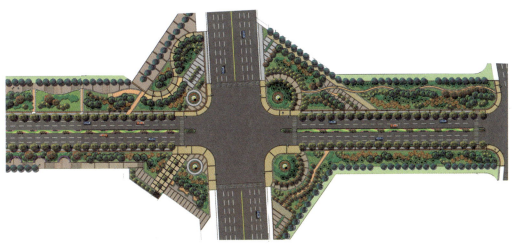

主路口

次路口

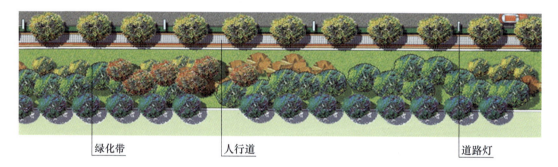

绿化带　　　　　人行道　　　　　道路灯

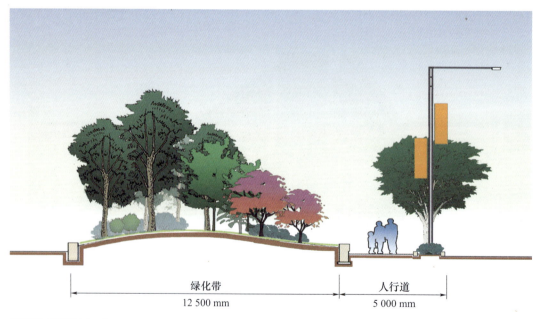

绿化带　　　　　　　人行道
12 500 mm　　　　　5 000 mm

道路绿化景观设计（一）

商业街铺装步道

绿化带甬路

绿化带

人行道

道路灯

标准段二平面图

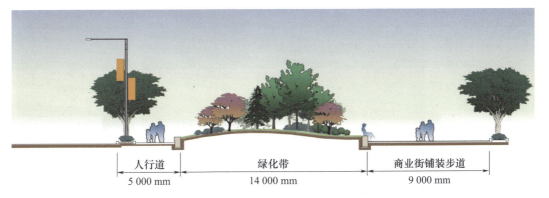

人行道	绿化带	商业街铺装步道
5 000 mm	14 000 mm	9 000 mm

道路绿化景观设计（二）

绿化植物（一）

绿化植物（二）

主路口的景观节点设计

次路口的景观节点设计

景观设施设计

<h1>项目三　城市居住区景观设计案例赏析</h1>

1. 苏州中茵皇冠国际社区

项目概况：规划用地面积 44 881 平方米，高层住宅设计。

位置：苏州工业园内。

设计者：美国 MBC 园林景观设计公司。

苏州中茵皇冠国际社区位于苏州工业园内，东临金鸡湖，南接香樟公园，自然条件优越。社区被规划为住宅区和酒店区两部分，定位为精品住宅和五星级酒店。

设计理念解析

该设计的主题思想是"水域天堂"。场地内水资源丰富，因此该设计充分利用现有水系，合理布置，以水为骨架，进行多层次、多样性的水景设计。

（1）园区内处处是水景。

（2）结合西方以及现代水景造法来处理水。

该设计对亭、台、廊、桥等各种造园元素进行装饰化处理。

（3）强调艺术化，注重细节设计，追求高品质。

总平面图

入口喷泉

楼旁的小喷泉和水池

组团绿地中的小水景

廊与水的组合

亭与水的组合

亭、台、廊、桥与水组合的中心景区

造型独特的花池

设计精致的小空间

2. 无锡江南坊

项目概况：规划用地面积98 832平方米，仿古多层住宅设计。

位置：江苏省无锡市。

设计单位：上海易亚源境景观设计咨询有限公司。

江苏省无锡市的江南坊是典型的仿古建筑，采用中式古典园林设计模式，整体布局在主轴线两侧，叠石成山，流水潺潺，形成"入门见水"、松桂森然的典型中式古典园林的氛围。

设计理念解析

（1）私家庭院

在寸土寸金的城市中，私家庭院无疑是稀缺之物。但是在该项目中，私家庭院却成了主要特色之一。设计师在进行景观设计时，充分利用每户的私家庭院的方寸之地，发挥传统园林小中见大的优势，将叠山、植物与建筑本身密切结合，创造出"家家有景，户户不同"的庭院景观效果。

（2）风格统一，浑然一体

该项目采用了中式古典园林设计模式，从整体布局到细节处理都遵循相同的风格。小区大门入口的设计、道路的铺装形式、景观小品的样式以及极具古典风格的室外园林灯具等诸多方面，都做到风格统一，整个小区浑然一体、古风浓郁、清幽典雅。

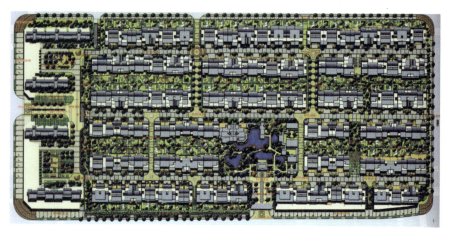

总平面图

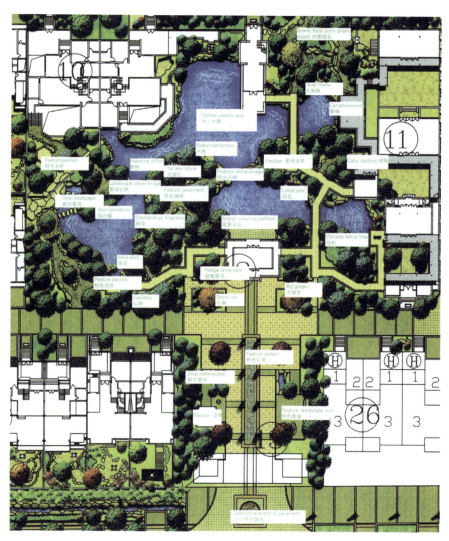

庭院景观平面图

庭院景观（一）

庭院景观（二）

小区入口处的牌坊

住户入口处的影壁

道路铺装

古典风格的亭子

3. 北京东方普罗旺斯

项目概况：规划用地面积657 500平方米，别墅建筑设计。

位置：北京市昌平区。

设计者：EDSA Orient第二工作室。

东方普罗旺斯是浙江省耀江集团在北京投资建设的大型别墅区居住项目。场地周围有温榆河和老河湾两大水系，生态环境得天独厚。水岸线悠长，地貌富于变化，植物资源丰

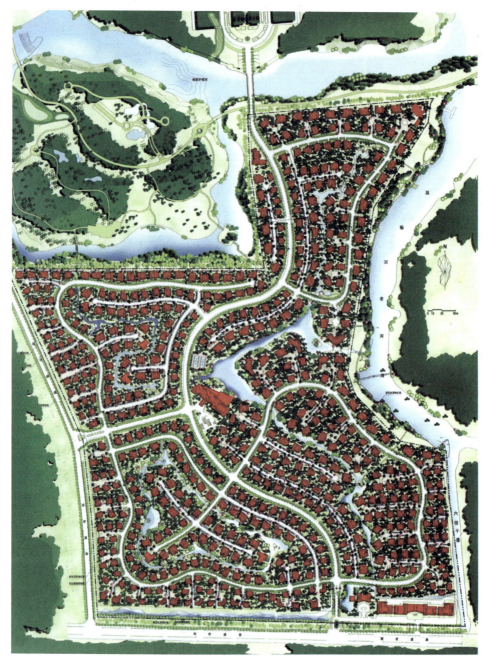

总平面图

富。设计师充分践行了工作室"尊重自然，以人为本"的设计理念：保护和利用现有的水系、地貌、植被，建立安全的生态格局，围绕人的生活体验和活动规律来设计，倡导健康和谐的生活方式，营造高品位的居住环境。

设计理念解析

（1）营造具有异域风格的古典主义园林景观

设计师在设计时充分利用了现有的自然环境资源，保留了原生树林，设计了薰衣草田野、创建了占地0.27平方千米的绿地，以1∶1的比例复制了拉斐特城堡，营造出了具有异

异域风格景观（一）

异域风格景观（二）

异域风格景观（三）

异域风格景观（四）

域风格的古典主义庄园，故称之为"东方普罗旺斯"。

（2）植物配置

该项目的园林景观为异域风格，在植物配置方面也体现了这种风格。利用植物的围合关系，创造出具有私密性的私人空间和具有开敞性的公共空间。植物与建筑相辅相成，营造出具有异域风格的园林景观。植物以乡土树种为主，便于存活，且具有旺盛的生命力，能让整个小区充满绿色。重点部位，例如小区入口、住户入口处采用名贵品种的植物，以营造高贵典雅的风格。

植物配置（一）

植物配置（二）

植物配置（三）

植物配置（四）

案例赏析1

案例赏析2

参考文献

［1］唐延强，陈孟琰，费飞，等．景观规划设计与实训［M］．上海：东方出版中心，2008．

［2］刘永福．现代景观设计与实训［M］．沈阳：辽宁美术出版社，2009．

［3］孙迪，胡宇鹏，李惠倩，等．景观师成长的ABCD［M］．北京：机械工业出版社，2011．

［4］胡先祥．景观规划设计［M］．2版.北京：机械工业出版社，2015．

［5］刘滨谊．现代景观规划设计［M］．2版.南京：东南大学出版社，2005．

［6］蔡永洁．城市广场［M］．南京：东南大学出版社，2006．

［7］日本土木学会．滨水景观设计［M］．大连：大连理工大学出版社，2002．

［8］王福义．住宅庭园景观设计［M］．北京：中国建筑工业出版社，2003．

［9］李征．园林景观设计［M］．北京：气象出版社，2001．

［10］里德．园林景观设计：从概念到形式［M］．陈建业，赵寅，译.北京：中国建筑工业出版社，2004．

［11］孙成仁．城市景观设计［M］．哈尔滨：黑龙江科学技术出版社，1999．

［12］章俊华．居住区景观设计［M］．北京：中国建筑工业出版社，2001．

［13］金涛，杨永胜．居住区环境景观设计与营建［M］．北京：中国城市出版社，2003．

［14］荀平，杨平林．景观设计创意［M］．北京：中国建筑工业出版社，2004．

［15］杨永胜，金涛．现代城市景观设计与营建技术［M］．北京：中国城市出版社，2002．

［16］徐文斐．城市道路景观设计初探［D］．苏州：苏州大学，2012．

［17］陈敏捷，傅德亮．城市道路园林景观设计的审思——以上海市昌平路道路园林景观设计为例［J］．上海交通大学学报（农业科学版），2006（2）：204-209．

［18］倪文峰，张艳，车生泉．城市道路景观设计中的地域文化特性——以重庆市渝北区兰馨大道景观设计为例［J］．上海交通大学学报（农业科学版），2008，26（4）：326-331．

[19] 李慧生，张玲. 城市道路景观设计研究——以宜兴经济开发区科创新城道路景观设计为例 [C] //IFLA亚太区，中国风景园林学会，上海市绿化和市容管理局. 2012国际风景园林师联合会（IFLA）亚太区会议暨中国风景园林学会2012年会论文集（上册）. 北京林业大学；中国·城市建设研究院；北京清华城市规划设计研究院；2012: 316-320.

[20] 李婷. 杭州上城区道路绿化景观设计研究 [D]. 杭州：浙江农林大学，2011.

[21] 田少朋. 三类速度体验下的城市道路景观设计要点研究 [D]. 西安：西安建筑科技大学，2012.

[22] 吴晓松，吴虑. 城市景观设计：理论、方法与实践 [M]. 北京：中国建筑工业出版社，2009.

[23] 胡佳. 城市景观设计 [M]. 北京：机械工业出版社，2013.

[24] 香港科讯国际出版有限公司. 景观设计经典 [M]. 大连：大连理工出版社，2008.

[25] 刘翰林. 景观竞赛 [M]. 沈阳：辽宁科学技术出版社，2012.

[26] 孙菲. 城市道路景观设计导则编制体系研究 [D]. 西安：西安建筑科技大学，2012.

[27] 谢雨东. 基于地域文化的景观设计 [D]. 广州：广东工业大学，2013.

[28] 鲁天义. 我国现代城市广场对历史文脉的继承和发扬 [D]. 太原：太原理工大学，2010.

[29] 刘丽仙. 体验视角下景观场营造研究 [D]. 上海：华东师范大学，2009.

[30] 凌仲阳. 江南园林营造手法在现代居住小区景观设计中的应用 [D]. 景德镇：景德镇陶瓷学院，2013.

[31] 雷琳. 长三角地区城市景观设计现状与发展趋势研究 [D]. 无锡：江南大学，2008.

[32] 薛锋. 城市道路相关设施景观设计要则研究 [D]. 西安：西安建筑科技大学，2003.

[33] 王枫. 生态观念的城市广场 [D]. 天津：天津大学，2004.

[34] 李永生. 城市小型广场设计研究 [D]. 咸阳：西北农林科技大学，2006.

[35] 严广乐. 城市设计策略应用研究 [D]. 武汉：华中科技大学，2006.

[36] 申勇. 城市道路绿地景观设计研究 [D]. 长沙：中南林业科技大学，2006.

[37] 李燕. 校园景观设计与施工组织方案初探 [D]. 郑州：郑州大学，2010.

[38] 秦金燕. 基于可视化数字技术的景观设计方案表达体系的研究 [D]. 咸阳: 西北农林科技大学, 2011.

[39] 顾林海. 住宅区景观设计及施工的品质管理研究 [D]. 西安: 西安建筑科技大学, 2013.

[40] 王桂萍. 城市道路绿化设计探究 [D]. 北京: 北京林业大学, 2008.